U0180637

《复旦网络空间治理评论》第一辑

全球网络空间秩序与规则制定

沈 逸／杨海军⊙主编

时事出版社
北京

图书在版编目（CIP）数据

全球网络空间秩序与规则制定/沈逸，杨海军主编 . —北京：时事出版社，2021.11
　ISBN 978-7-5195-0442-7

　Ⅰ.①全… 　Ⅱ.①沈…②杨… 　Ⅲ.①互联网络—治理—研究—世界 　Ⅳ.①TP393.4

　中国版本图书馆 CIP 数据核字（2021）第 167755 号

出 版 发 行：时事出版社
地　　　　址：北京市海淀区彰化路 138 号西荣阁 B 座 G2 层
邮　　　编：100097
发 行 热 线：（010）88869831　88869832
传　　　真：（010）88869875
电 子 邮 箱：shishichubanshe@ sina. com
网　　　址：www. shishishe. com
印　　　刷：北京良义印刷科技有限公司

开本：787×1092　1/16　印张：16.5　字数：210 千字
　　2021 年 11 月第 1 版　2021 年 11 月第 1 次印刷
　　　　　　定价：98.00 元
　　（如有印装质量问题，请与本社发行部联系调换）

编辑委员会

序 一

杨海军

　　人类经历了农业革命、工业革命和信息革命，步入了信息时代。信息革命构建了人类生存的第五大空间——网络空间，形成了新型的数字经济发展模式，不仅对社会发展、生产生活和政府治理产生了深远的影响，而且给世界各国的主权、安全、发展利益带来许多新的挑战。因此，面对信息革命的发展成果日益显著，挑战快速增长，如何构建全球网络空间秩序与规则，达成网络空间治理共识，是人类亟待解决的共同课题。

　　网络空间治理是全球治理的重要组成部分。纵观历次 G20 峰会主要议题，数字化的发展与治理已经逐渐成为重点关注领域。在网络空间治理规则的制定过程中，必须充分考虑全球治理的现实和工作机制，例如尊重和发挥联合国在制定网络空间治理基本规范的核心作用，发挥 G20 峰会等现有的国际议事协商安排。同时，也必须充分尊重在国际治理中已经达成的基本共识，推动国际法的基本规则在网络空间的落地。然而，在目前全球治理处于剧烈变革的时期，网络空间治理所面临的困难极大。一方面，技术的进步进一步拉近了网络空间与人类社会的关系，网络空间日益映射现实社会，并与现实空间密不可分。全球治理格局的变化、全球治理秩序与规则的重塑，同样映射到网络空间秩序与规则的制定进程之中。在当下全球治理格局尚处在转换的阶段，特别是大国之间的关系仍处于关键调整期，作为利益冲突的聚焦点和全球治理空白点的网络空间，势必成为全球治理格局形成的重要博弈领域。另一方面，各国网络能力、网络文化上的差异依然存在，而网络空间自身所具有的跨地域性，全球网络空间治理进程中参与主体多元化、规则议题的泛化，网络技术的垄断性和平台的寡头性等，又为网络空间治理共识的达成带来更多的不确定因素和协商成本。网络空间治理规则的制定需要经历一个相对长期的过程。

技术的快速发展使得网络空间治理所面临的问题更为复杂和多样化。一方面，网络空间的涵盖范围快速扩展。终端从传统的个人计算机、手机快速向以物联网为代表的各类智能设备延伸，应用从传统的信息处理、存储和传送向以数据为中心的经济发展、人民生活和社会治理全面融合深入，平台从互联网领域向以智能网联汽车为代表的各行各业挺进。另一方面，网络空间治理的重心不断转移。已经从对域名和地址管理等资源分配的传统议题，迅速扩展和转移到以数据为核心的新领域。参与各方对网络空间的属性、权力性质、治理模式等已经存在极为严重的分歧，而新领域的新矛盾又层出不穷，给网络空间秩序和规则的制定带来更复杂的变量层次、更繁多的考虑因素、更多样化的参与主体和更广泛的适用范围。网络空间的开放性和连通性，决定了任何一个领域、任何一个层次、任何一个主体的变化，都有可能会影响整个网络秩序的改变和规则的重塑。例如，一个国家对互联网平台的监管政策，特别是美国网络监管政策的调整，会极大地影响全球范围内，包括美国在内的使用该平台的用户，进而影响全球范围的网络空间治理，乃至全球治理。这些都使得全球网络空间治理的任务变得更加艰巨。

发展和安全是网络空间治理中最重要的两条主线，但也正是由于不同国家在技术演进、数字技术发展阶段、数字经济规模以及所面临的安全形势不同，使得网络空间治理中对于发展和安全的诉求各不相同，甚至存在尖锐的矛盾冲突。近年来网络空间的安全主线逐渐成为重点关注的内容。首先是现实社会中各种政治、社会、经济问题逐渐向网络空间"转移"。诸如侵犯知识产权、个人隐私泄露、谣言传播和恐怖主义等传统安全问题在网络空间同样存在，并且逐渐成为传统安全问题的主要表现形式。其次是国家主导的大规模网络监听、网络黑客攻击、网络冲突和网络干涉等事件的频发。而更严重的是现实空间和网络空间的冲突有可能叠加甚至共振，不仅威胁到了网络空间的和平与发展，而且影响到现实世界的和平。近年来如斯诺登事件、美国 2016 年大选中剑桥分析和维基揭密事件、WannaCry 病毒全球传播、中美贸易战中美国对中国高技术产业的打压、美国 2020 年大选中社交网络所发挥的作用、某些国家对其他国家的互联网应用的封杀以及以 SolarWinds 为代表的供应链安全事件频发等，迫使参与网络空间治理的各国政府致力于发展自身的网络安全能力和技术能力，以及在谈判中对于阻止其他国家，特别是在网络空间占有优势地位国家对其他政府主体的安全威胁等方面的关切，远大于对各国之间共同发展和共同安全的期待。这不仅表现在对安全和发展两条主线的重点转向安全，而且表现在更多的强调个体利益（联盟利益）。当前参与全球网络安全治理的政府主体（联盟）在短期内无望达成全球网络空间治理规则的情况下，纷纷以内部立法方式来强调自身的利益，并且把体现个体利益（联盟利益）的内部立法强力推进转化为网络空间的全球规则，典型的就是这些内部法律或多或少都包含了所谓"长臂管辖"条款，激发了不同参与主体的反对。共同安全和共同发展是达成全球网络空间治理规则的重要前提，而当前片面强调个体安全的情况是不利于形成全球网络空间治理共识的。

虽然在实现网络空间全球治理的过程中还面临很多困难，甚至在过去的几年中出现迟滞和停顿等现象，但网络空间的开放性迫使各国、各参与主体必须形成基本共识的根本动力仍然还在。面对共同打击网络犯罪和网络恐怖主义、保护个人信息的意愿依然强烈。特别是 2020 年新冠肺炎疫情的暴发，各类谣言的传播，有关网络内容治理的需求显得尤为迫切。新冠肺炎疫情阻碍了现实社会中的人员往来，大量的国际政治交流和经济活动从线下转到线上，保障网络空间的安全成为共同选择。同时，数据的重要性日益凸显，有关数据跨国流动规则的制定成为各种国际协议的重要组成部分。网络空间的重要性持续提升，国际社会对网络空间的治理予以充分重视，对发展和安全两条主线的平衡更加重视，对规则的制定和秩序的维护更加期待。这些都是未来一段时间开展网络空间国际治理工作的有利因素和强大动力。

网络空间治理的规则制定既是一个各方寻求最大范围共识的过程，也是一个在实践中不断完善的过程。例如，对于个人信息保护、打击网络恐怖主义等具有广泛共识基础的领域，可以率先制定必要的基础准则。又如，对于数据跨境流动等有迫切需求的领域，可以通过其他各种多边－多方国际协议予以确认，最终形成国际共识。再如，联合国框架下的信息安全政府专家组已经就国际法适用于网络空间达成原则性一致。换句话说，期望一次性的、涵盖所有议题领域的全面制定全球网络空间治理规则是不现实的，需要多平台、多层次的共同努力，通过单个领域和局部地区的突破来寻求全局性的进展。不同领域之间也需要充分协调，避免出现碎片化和基本理念、基本体系出现根本性矛盾的局面。同时，网络空间治理的规则制定必须要发挥各方面的力量，其中学术界的探讨和研究是其中的重要一环，特别是对治理模式、方式路径的研究讨论和国际交流，有助于厘清治理的范围，有助于提升对治理的学理认识，最终推动网络空间治理共识的形成。

共同构建和平、安全、开放、合作、有序的网络空间，建立多边、民主、透明的全球互联网治理体系，打造网络空间命运共同体，始终是我们全人类的共同目标。

序 二

郝叶力

　　当今世界正处于百年未有之大变局，新冠肺炎疫情的全球大流行使这个大变局加速演进，保护主义、单边主义上升，国际经济、科技、文化、安全、政治等格局都在发生深刻调整，世界进入动荡变革期。这样的震荡传递到网络空间领域，一方面表现为以5G、人工智能、区块链等为代表的信息技术和新产业、新业态、新模式的数字经济在全球蓬勃发展，推动着人类生产力的快速发展，社会结构深度调整，并给人类社会和生活带来巨大的机遇；另一方面表现为网络空间治理的滞后与迟缓，这不仅包括大国战略竞争加剧带来的负外部效应，也包括全球网络空间治理的碎片化问题，诸如各机制中职能分配和统筹协调缺乏、议题领域的界线模糊，以及行为体多元化等等；尤其是新冠肺炎疫情暴发，给互联网新业态和数字经济带来机遇，也为网络空间治理带来更大挑战。

　　毋庸置疑，一个信息化、数字化、深度融合化的未来世界已经在大变局之下酝酿，信息化使得未来资源具有无限分享的复用性，数字化使得未来数据具有开放活力的流动性，深度融合化使得未来世界具有广泛合作的基础。人类需要，也应当以更加开放、包容、协作的心态建设这样的数字生态共同体，把更多的精力和智慧放在如何创造增量而不是存量厮杀。但是，在科学技术的飞速进步、数字终端的扩容普及、数据存储的几何级增长等叠加效应之下，未来发展的痛点已初现端倪：一是安全概念的过度泛化及其可能导致的碎片化、对立化；二是新技术发展的不确定性及其可能带来的新赛道、新挑战、新机遇。

就此，一个立足当下、面向未来的时代命题正摆在我们面前。在过去十年，网络空间与其说已经成为陆、海、空、天之后的第五疆域，倒不如说已经成为渗透全域，贯穿全维的特殊疆域或超级空间。因此，探索网络空间治理的新秩序、新安全和新模式已经成为全人类的全新课题。如何以和平、安全、开放、合作为目标构建网络空间治理新秩序；如何统筹安全与发展两件大事，协调政治、经济、技术、安全等多个维度打造网络空间治理新安全；如何破除"多边主义"和"多利益攸关方"之间的二元对立，寻求网络空间治理的新模式。这些都是确保网络空间共享共治，促进治理体系公平正义的重要理论研究方向。我们需要新的思维、新的理论、新的方法，来破解网络空间发展的痛点，规范网络空间秩序和规则的制定，洞见数字技术的发展与控制，主导全球网络空间竞争与合作的新走势，思考和探寻应对风险、建立规约的路径与准则。

中共十九届五中全会提出，要坚定不移建设网络强国、数字中国，发展战略性新兴产业，加快数字化发展。中国正处在信息化快速发展的历史进程之中，也一直积极地参加到推进网络建设和网络空间治理的活动当中。不仅深入参加到联合国及其他多边机制的相关活动，也同多个国家建立起互联网领域对话交流机制，更成功搭建起世界互联网大会平台，连续举办了六届大会。中国愿意同世界各国携手努力，以人类共同福祉为根本，坚持尊重网络主权、维护和平安全、促进开放合作、构建良好秩序的"四项原则",推动全球互联网治理朝着更加公正合理的方向迈进,推动网络空间实现平等尊重、创新发展、开放共享、安全有序的目标,携手构建网络空间命运共同体。

在本书中,我们对十年以来全球网络空间治理秩序的基本认知与主流实践进行了回顾:既包括"网络主权"这一概念的厘定与发展,也包括网络空间国际秩序在形成过程中的机制建设与博弈;既包括对联合国主导的网络治理基本对话机制这一"联合国框架"的梳理和评估,也包括对"联合国信息安全政府专家组"这一具体机制的分析与建议;既包括对网络空间中重要行为体的论述和介绍,也包括对全球互联网产业发展的实践,以及"政府—市场—社会"的多元共同治理模式的探索与分析。同时,我们也对当下网络空间治理存在的问题进行思考:既包括大国博弈背景下构建网络空间战略稳定的路径探索,又包括不确定性日益增多环境下全球网络空间秩序变革的可能性分析,也包括网络治理微观领域"饭圈"的衍生逻辑和社会风险。

世界因互联网而更多彩,生活因互联网而更丰富。期待更多专家学者在《复旦网络空间治理评论》上贡献真知灼见,在交流中碰撞出思想的火花。

目　录

网络主权与全球网络空间治理新秩序①

沈　逸*

摘　要： 全球网络空间治理应该遵循何种秩序，在理论研究和政策实践两个方面日趋成为影响全球网络空间治理结构变革的关键与核心；自2010—2020年，在10年左右的时间里，全球网络空间治理秩序的基本认知与主流实践，经历了一个非常典型的"循环上升"的态势；国家主权概念与实践在全球网络空间治理中的拓展与延伸，日趋成为利益相关诸方的共同认知；构建以尊重网络空间主权平等原则为基础的网络空间治理新秩序，在新冠肺炎疫情以及美国国内政治实践等极具戏剧性和不确定性因素的冲击下，正展现出推进网络空间治理秩序良性迭代的巨大价值。

关键词： 数据主权　全球网络空间　网络安全　治理

自2010年开始至今的10年多时间里，与互联网以及全球网络空间相关的议题迅速崛起，并逐渐从相对边缘的区域次第渗入国际舞台的核心区域：2010年维基揭秘网站与美国国防部、国务院展开了信息公开与国家安全的博弈，谷歌公司则试图挑战中国对互联网的主权管理；2011年有惊心动魄的西亚北非局势动荡，有全新出台

---

①　本文核心观点已发表在《中国社会科学报》2018年7月10日评论版。

*　沈逸，复旦大学教授，复旦大学网络空间国际治理研究基地主任。

的《网络空间国际战略》；2012 年到 2013 年有被渲染为美国国家安全的"中国网络间谍攻击"系列新闻；2013 年有惊爆内幕的中情局前雇员斯诺登披露"棱镜门"事件；2014 年美国商务部电管局突然宣布"考虑转让"对互联网地址分配（IANA）相关的"监管权限"，2015 年 8 月又宣布将与互联网名称与数字地址分配机构（ICANN）的合同延期一年，直接将网络空间与不同行为体之间的关系推上了风口浪尖；2016 年美国总统选举以及更具戏剧性的英国"脱欧"公投，以令各方出乎意料的方式，突破性地推动了对网络主权概念的再认识；2020 年全球范围新冠肺炎疫情带来的挑战，信息通信技术在抗击新冠肺炎疫情过程中表现出来的意义和价值，以及 2021 年美国总统交接过程中社交媒体展现的巨大政治能量和实践中展现出的超乎预期的权力优势，以一种事先难以预料的方式，推动人们系统而全面地思考应该遵循何种原则，推动全球网络空间治理秩序、结构以及实践实现良性迭代。

如何正确认识和理解上述系列事件的含义，特别是从国际关系的视角，理解上述变动对国家安全、国家间关系以及与各类行为体（包括国家与非国家行为体）密切相关的全球网络空间治理体系所带来的影响，显然有重要的理论价值与实践意义。在此发展变动的关键时刻，理解主权原则，以及作为其在网络空间映射的"网络主权"这个重要概念的含义，并以此作为构建分析、认识、理解问题的框架的起点，显然是非常重要的。

一、主权原则与网络空间治理

随着全球网络空间的形成，越来越多的个人开始使用网络（根据电信联盟的数据，全球接入互联网的用户大概占全球总人口的

30%—40% 之间），有学者指出，网络空间自身的特定属性也开始展现，这种特点，既为推动网络空间权属的界定及其治理提供了便利条件，也提出了前所未有的全新挑战：网络空间最主要的特点，是无显著边界的空间属性；逻辑代码支撑的逻辑空间与线下某些规则确定的物理世界，形成彼此接近但仍然有实质性距离隔阂的状态；而在这个特殊的空间里建立主权，而且是参考现实世界中的主权，正在成为国家间竞争的新领域。[①]

尽管有学者指出，真正的"网络空间"其实是难以被准确的感知并管理的逻辑空间，但"网络空间"从没能够真正脱离物理世界而实际生存，对网络空间治理的难点之一就是如何在网络空间中凸显管理权限的存在，这种存在必须让尽可能多的行为体感知并认可，这种感知可以是对条文制度的感知，也可以是对网络空间某种存在的感知；这种感知必然是主观和客观的密切结合，是行为体依据客观框架，产生主观判断的结果。[②]

在实践维度，以《塔林文件》为代表，欧美部分研究者对传统国际法中的重要原则，包括主权原则，在网络空间的适用进行了比较系统的梳理，其主要观点是：主权原则适用于网络空间，其主张概括表述为"一国在其主权领土范围内可以践行对网络基础设施和活动的控制"。其中对主权的界定，依据 1928 年帕尔马斯岛的国际法裁决，强调一国内部不受他国干扰的独立行使；在此基础上，与网络空间相关的主权被表述为指涉位于一国领土、领空、领水、领海（含海床和底土）的网络基础设施；产生的直接后果是网络基础设施无论其具体所有者或者用途，均置于主权国司法与行政管辖之

---

① Barcomb, K., D. Krill, R. Mills and M. Saville, "Establishing Cyberspace Sovereignty," *International Journal of Cyber Warfare and Terrorism*, No. 2, 2012, pp. 26 – 38.

② Lyons, P. A., "Cyberspace and the law: Your rights and duties in the on – line world – Cavazos, EA, Morin, G.," *Information Processing & Management*, Vol. 31, No. 6, 1995, p. 910.

下，受主权保护。① 2015 年 6 月，联合国关于从国际安全的角度看信息和电信领域的发展政府专家组向联合国大会提交工作报告，此报告中明确指出："《联合国宪章》和主权原则的重要性，它们是加强各国使用通信技术安全性的基础。""各国拥有采取与国际法相符并得到《联合国宪章》承认的措施的固有权利，同时有必要进一步研究这一问题。"围绕跨国网络犯罪治理等功能性的需求，有学者意识到必须更加全面地认识和理解网络主权的不同维度与面向，并以更加积极而非消极的态度去认识和理解网络主权这个概念所具有的价值。②

要准确把握主权原则在全球网络空间治理中的运用，首先需要深入理解网络空间的基本特性，这一特性决定了主权原则在网络空间治理中的具体作用机制。

二、全球网络空间呈现不对称性

自 20 世纪 90 年代至今，全球网络空间取得了快速的发展，但这种快速发展造就的是资源与能力不对称的全球网络空间：现实世界中的发展中国家并没有因为网络技术的发展实现跨越式流动，反而在网络空间中进一步被边缘化，进而还可能因为这种边缘化而固化其在现实世界中的地位；现实世界中的发达国家，尤其是产业能力和技术优势显著的发达国家，在网络空间中同样处于核心位置，并因为在技术研发与创新等诸多方面的显著优势，进一步拉开在现

---

① Michael N. Schmitt, eds., *Tallinn Manual on the International Law Applicable to Cyber Warfare*, Cambridge University Press, 2013, pp. 15 – 16.

② Yeli, H., "A three – perspective theory of cyber sovereignty," *Prism*, Vol. 7, No. 2, 2017, pp. 108 – 115.

实世界中与发展中国家的差距。

具体来说，这种资源与能力的不对称表现在如下主要方面：

首先，从用户群体上看，用户群体的总量发生了显著变化，但不同国家内的相对比重与不同类别国家之间的整体分布存在显著的差异。整体来看，全球网络空间的用户结构，经历了从发达国家向发展中国家扩散的进程。根据国际电信联盟等相关研究机构的统计数据，全球网络用户的总数已经突破了 25 亿，在全球所占比例将近40%，而且从 2006 年之后开始，来自发展中国家的网民在全球网络中所占比重就逐渐接近并超过 50%，成为全球网民中的多数；但是这种多数不能掩盖发展中国家整体网络渗透率偏低的现实：在总量提升的同时，各地区之间的差异比较显著，同样根据来自国际电信联盟的数据，欧美地区整体上网比例已经突破 80%，而非洲则不足 30%。

其次，在与数据相关的关键设施方面，发达国家与发展中国家存在着显而易见的差距。支撑全球网络空间的关键基础设施之一是海底光缆系统。自 1988 年 12 月开始，第一条跨大西洋海底光缆（TAT-8）进入商业服务；从那时开始一直到 2008 年，欧美国家公司垄断了全球光缆市场，其铺设的海底光缆普遍发端于欧美发达国家，或者以欧美发达国家为中枢桥接点；虽然从 2008 年开始，相关公司将投资方向转向了基础设施薄弱的非洲等地区，但欧美公司垄断海底光缆的事实没有改变，统计数据显示，在 2008—2012 年的五年间，总价 100 亿元的新的海底光缆系统投入服务，相当于平均每年 20 亿美元 或者 5.3 万千米，其中 70% 集中在撒哈拉以南非洲地区；从投资者构成来看，欧美大型运营商以及大财团投资所占比重进一步提高，达到所有投资的 80%；非电信部门的私人投资占14%；政府和开发银行仅为 5%。在高端服务器市场，发达国家的跨国公司占据着压倒性的优势，数据显示，主要来自美国、日本的惠普、国际商用机器公司（IBM）、戴尔、甲骨文、富士五家公司占据了 2012 年市场份额的 84.7%，处于压倒性的优势地位。

最后，支撑全球网络空间正常运行的关键基础设施，以域名解析系统为例，其物理设施分布和管理机制也体现了发达国家的压倒性优势：13 台顶级根服务器分别归属 3 家美国公司，3 个美国政府相关机构，3 所美国大学，1 家美国非盈利的私营机构，1 家欧洲公司，1 个欧洲私营机构和 1 个日本机构管辖；向这 13 台根服务器发送根区文件的"隐藏发布主机"则归美国威瑞信公司所有和管理。①

简而言之，在今天的全球网络空间，发展中国家主要提供使用者，发达国家主要提供基础设施与关键应用，这一新的"中心—外围"架构已经初现端倪，这种具有显著不对称性的架构，加剧了发达国家与发展中国家之间，以及发达国家之间，本来已经存在的能力差异。无论是发达国家，还是发展中国家，对主权原则如何应用于网络空间，均自觉或不自觉地已经形成了相应的认识以及较为系统的实践。其中，美国通过其网络安全战略的系统实践，展示了在弱化和消除主权的名义下，霸权国家将单一国家主权扩展至全球网络空间的具体实践；与此相对应的，是力量相对处于弱势的国家通过"国际化"以及对"多利益相关方模式"的重新解释，以主权平等原则来尽量削弱和对冲这种扩张的实践。

三、美国网络安全战略和战略凸显在全球网络空间 以单向度和非对称的方式扩展国家主权

从 2013 年 6 月至今，美国在全球网络空间扩展自身主权的实

---

① 相关具体说明参见：SAC067 *Overview and History of the IANA Functions*，https：//www. icann. org/en/system/files/files/sac - 067 - en. pdf。

践，主要表现在如下方面：

第一，以主权框架下的国家安全需求来论证网络监控行动的合法性。这在"棱镜门"事件中得到了比较充分的体现。"棱镜门"事件的披露源自美国中情局前雇员斯诺登向欧美媒体提供的资料。2013 年 6 月 6 日，美国《华盛顿邮报》刊载题为《美国情报机构的机密项目从九家美国互联网公司进行数据挖掘》的文章，披露美国国家安全局从 2007 年开始执行代号为"棱镜"（PRISM）的信号情报搜集行动。该行动的信号情报活动代号（SIGINT Activity Designator, SIGAD）是 US－984XN，2012 年美国总统每天阅读的每日情报简报中，有 1447 项的引用来源指向了 US－984XN，因此，媒体报道中将"棱镜"称为美国国家安全局最重要的情报来源。"棱镜"被披露之后，美国中央情报局前局长海登在接受采访时构建了一个论述框架：为国家安全目的搜集情报，包括监听全球网络空间内的数据，是必要的。①

第二，为保障国家安全谋求最大限度的网络行动自由，包括将网络威慑公开列入国防战略，以及明确宣示美国拥有在网络空间自由行使"自卫权"，即在美国认定面临威胁时攻击威胁来源的权利。2015 年 4 月，美国国防部通过了《国防部网络战略》，明确将使用网络手段阻断—控制各种冲突升级的能力列为战略目标。②

在使用自卫权方面，美国明确表示其他主权国家的网络设施可能成为其合法的攻击目标。2015 年比较典型的案例，就是以匿名消息来源方式，公开宣示要对美国认定的威胁来源实施网络打击：2015 年 7 月 31 日，美国资深记者 David Sanger 在美国《华尔街日

---

① Michael Hayden, CNN Contributor, "Ex－NSA chief: Safeguards exist to protect Americans' privacy," http: //edition. cnn. com/2013/08/01/opinion/hayden－nsa－surveillance/.

② *The DOD Cyber Strategy*, http: //www. defense. gov/News/Special－Reports/0415_Cyber－Strategy.

报》《纽约时报》撰文援引白宫消息称，美方已经决定对华实施网络报复，以惩罚"窃取 2000 万美国政府雇员信息"的黑客行为。文章称，具体如何实施报复尚存争议，包含的选项涵盖比较温和的外交渠道交涉，以及"更加重大（而有意义）的行动，这些行动有可能在中美两国间引发持续升级的黑客袭击行动"。而且，"此类行动将以部分公开的方式进行，以期达到威慑的效果"。"已经确定的可供选择的行动方案涵盖最温和的外交抗议，到更加复杂的行动"，包括"攻破中国的防火墙"。①

进入 2019 年，美国国家安全局、网络司令部等部门，提出了更具攻击性的"持续交战"（Persistent Engagement）概念，在特朗普政府任内美国总体转向兼具"孤立主义"与"美国至上"特征的"美国优先"战略的总体背景下，尝试以更加系统的方式，在理念和实践两个维度，谋求美国在全球网络空间，协同其核心盟友，实现更具攻击性的行动自由，继而让网络司令部得以在全球网络空间的"任何地方，任何时间，以其选择的任何方式"展开行动。②

第三，保持对移交 IANA 监管权限过程的主权控制。2015 年 8 月 17 日，美国商务部电管局局长在官方博客上宣布将与 ICANN 的合同延长一年，并首次比较清晰地提及移交最关键的部分，即对根区文件和根区文件服务器监管的移交，将由电管局和威瑞信公司启动一个单独的进程，相对独立的展开；相关的移交进程构想文件设计了一个为期三个月的实验进程，这个进程的特点是，可以随时归零，并重新启动，只要包括电管局在内的实验方发现"实验数据有

① David Sanger, "U. S. Decides to Retaliate Against China's Hacking", http://www.nytimes.com/2015/08/01/world/asia/us-decides-to-retaliate-against-chinas-hacking.html.

② Fischerkeller, M. P., & Harknett, R. J., Persistent Engagement, Agreed Competition, and Cyberspace Interaction Dynamics and Escalation. *The Cyber Defense Review*, 2019, pp. 267-287.

问题"。①

第四，在中美战略竞争的总体背景下，尝试将美国网络空间的霸权实践从传统的政治和军事领域，扩展到生态级意义上的全球产业，在所谓"清洁网络项目"的名义下，拓展其霸权优势。2020 年4 月 29 日，美国国务卿蓬佩奥宣布，美国国务院将开始要求为所有进出美国外交设施的 5G 网络流量实行 5G 清洁路径计划，要求禁用一切被认为"不可信"的 IT 供应商（包括中兴和华为）通过包括传输、控制、计算或存储设备在内的方式接入任何国家和运营商的 5G 网络。该计划被纳入 2020 年 6 月推出的"清洁网络计划"（Clean Network）当中。随后，美国又在 2020 年 8 月 5 日更新清洁网络计划，在 5G 清洁路径计划的基础上推出了五项新的计划来保护美国的关键电信和技术基础设施。至此，"清洁网络计划"基本覆盖全供应链生态闭环，旨在为了防止所谓中国互联网企业对美国主导的互联网世界形成颠覆，最终维护美国的数字霸权。这是美国第一次在实体层面不具备产业意义上的压倒性优势的情况下，主要依托产业和技术之外的手段，践行网络霸权的重要尝试。

就上述特点而言，尽管在政策话语和宣誓中很少或者基本不提及主权，也始终拒绝承认其他国家基于主权原则的政策主张、制度设计以及战略，但实质上美国的偏好，就是以一种非对称的方式，单向度的扩展美国自身的主权管辖范围，并谋求最大限度的挤压其认定的战略竞争对手——以中国、俄罗斯等国家为代表——在全球网络空间所理应获得正当权益和必要的活动空间。

———————————

① 商务部电管局的声明文件，参见 Lawrence E. Strickling, "An Update on the IANA Transition," Aug. 17, 2005, http://www.ntia.doc.gov/blog/2015/update-iana-transition；移交实验进程构想，参见 National Telecommunications and Information Administration, *Verisign/ICANN Proposal in Response to NTIA Request, Root Zone Administrator Proposal Related to the IANA Functions Stewardship Transition*, http://www.ntia.doc.gov/files/ntia/publications/root_zone_administrator_proposal-relatedtoiana_functionsste-final.pdf。

四、以主权平等原则重塑网络空间治理
原则的努力面临艰难挑战

2005 年，联合国全球网络工作组出台报告，指出"国际域名系统"根区文件和系统"事实上处于美国政府单边控制之下"。① 自那时开始，部分国家即试图以主权平等原则为依据，在全球网络空间推进治理原则的变革，谋求改变以域名解析系统根区文件和系统为代表的关键资源的治理方式。

上述努力自启动以来，进展不大，直到 2014 年 3 月，在棱镜系统曝光之后明显感受到巨大压力的美国政府，宣布将放弃对互联网数字分配当局（IANA）的监管权限，尽快把其移交给一个遵循"多边利益相关方"组建的私营机构。移交进展才开始取得了新的进展。美方在此过程中再度明确了所谓的四大原则：

第一个原则是支持和促进"多利益相关方"模式。通常来说，"多利益相关方"（Multistake – holder）模式是相对于"多边主义"（Multilateralism）而言的。"'多利益相关方'为欧美发达国家所偏好"②，包括各种形式的国家、公司、非政府组织及个人；"'多边主义'则被新兴经济体为代表的发展中国家所喜爱"③，主张"主权平等"的主权国家为中心对全球网络空间实行共同管理。美国主张将 ICANN 管理权移交给"多利益相关方"，而极力反对"让一个由政

---

① de Bossey C. *Report of the Working Group on Internet Governance*，2005，http：//www. wgig. org/docs/WGIGREPORT. pdf.

② 沈逸：《全球网络空间治理原则之争与中国的战略选择》，《外交评论（外交学院学报）》2015 年第 2 期，第 66 页。

③ 沈逸：《全球网络空间治理原则之争与中国的战略选择》，第 66 页。

府主导的（government – led）或政府间（intergovernment）组织来接管"①，其理由是"比起政府主导的或政府间组织，私营机构能够更多地创新和发展出解决问题的技术，从而促进互联网发展"②，政府应该仅作为利益相关方中的一方，通过 ICANN 下属的政府建议委员会（GAC）或以个体的身份参与到管理中来。

第二个原则是维持全球网络域名系统（DNS）的安全性、稳定性和弹性。IANA 通过这一原则试图说明，原有的 DNS 集中分配式的结构应该被保留，新的管理机构也应该本着公开透明的原则，继续实行责任制。而为了维护全球网络系统的稳定，ICANN 和威瑞信公司（Verisign）共同管辖的根服务器也应该保持原有状态。

第三个原则是满足全球 IANA 客户的需要和期望。也就是说，ICANN 管理权的转移及其有关的政策发展应该和它的日常运营活动区分开，以保证客户的需求不会因为其内部政策变化而受影响。

第四个原则是维持全球网络空间的开放性。在 IANA 看来，保持全球市场的开放实际上就是维持 ICANN 管理部门的中立和自由裁决，契合了其倡导的"多利益相关方"模式。

四大原则伴随着 IANA 的移交方案应运而生，从中可以看出，美国对 ICANN 的移交始终围绕着强化"多利益相关方"模式展开，看似放弃管理权的方式实际上是"以退为进"，继续维持并强化这一模式，意味着美国仍然可以凭借其强大的公司、个人、社会团体等

---

① "NTIA Announces Intent to Tromsition Key Interaet Domain Name Functions," NTIA, 2014, https：//www. ntia. doc. gov/press – release/2014/ntia – announces – interd – transition – key – internet – domain – functions.

② "NTIA Announces Intent to Transition Key Internet Domain Name Functions," NTIA, 2014, https：//www. ntia. doc. gov/press – release/2014/ntia – announces – intent – transition – key – internet – domain – name – functions.

优势通过"利益相关方"的方式参与到 ICANN 管理之中。对于广大发展中国家来说，既没有在 IANA 的移交方案中看到任何建立在"主权平等"基础上管理全球网络空间的可能，也无法改善在关键资源控制上所处的不利地位。

在这个移交进程中，有关治理原则之争，主要体现在如何认识和理解"多利益相关方"模式的争议中：

所谓"多利益相关方"，是美国在 20 世纪 90 年代推进互联网商业化进程中采取的一种运作模式，将公司、个人、非政府组织以及主权国家都纳入其中，最高决策权归属于由少数专业人士组成的指导委员会（Board of Directors），相关的公司、个人、非政府组织在下属的比较松散的区域或者专业问题委员会开展工作，政策制定采取所谓"自下而上"的模式，有下级支撑委员会向指导委员会提出建议和草案，然后指导委员会加以通过；其他主权国家的代表则被纳入政府建议委员会（Government Advisory Committee），只具有对和公共政策以及国际法等相关的活动或者事项的建议权，而没有决策权，其建议也不具有强制力。①

主权原则在"多利益相关方"模式争论的具体体现，主要围绕政府建议委员会的地位，以及对于整个监管机制的性质认定来体现的。

美国的主张，上文曾经提及，是希望建立一种私有化的管理机制，这个设想在美国商务部有关域名解析的政策立场文件中得到了比较充分的体现，同时也在当时的互联网社群中引发了强烈的反弹。

1998 年 1 月 28 日，在商务部电管局计划公布新的纯私有化的 DNS 监管方案之前，为 DNS 系统做出巨大贡献的美国学者波斯泰尔

① Kruger, L. G., "Internet Governance and the Domain Name System: Issues for Congress," Congressional Research Service, Library of Congress, 2005.

教授进行了互联网历史上仅有的尝试，即将 DNS 系统根服务器迁移，在一段时间内促成了全球域名解析系统"双中心"（即存在两个平行的主根区）的实际存在，后来在美国政府的巨大压力下，这个尝试被定性一次实验，于一周后复原；在此之后，商务部电管局用"绿皮书"（Green Paper）确定了现有的游戏规则：用一个混合型的多利益相关方的 ICANN 取代纯私有化的解决方案，同时将域名注册、根区文件配置和修改等进行区分，ICANN 负责程序审批和书面作业，一家专门机构（一开始是美国国家科学基金会，后来是公司 NSI，再后来则是收购 NSI 的威瑞信①）负责对主根服务器，以及后来的"超级根服务器"进行修改配置，ICANN 和专门机构分别通过与商务部电管局签订合同的方式获得授权，电管局在中间掌握实质性的审批权限。所有这些工作完成之后，1998 年 10 月 16 日，被BBC 称为互联网"教父"的波斯泰尔教授因心脏问题在洛杉矶辞世，享年 55 岁。②

　　对 DNS 管理机构私有化方案的偏好，源于美国政府对美国私营机构基于主权原则所享有的行政与司法管辖权，一个有趣的现象就是电管局和私营公司在签署以及变更监管合同时所具有的灵活性。从 1998 年 10 月到 2001 年 5 月 9 日，美国商务部与 NSI 公司订立了

---

① 相关资料参见电管局官方网站有关栏目：National Telecommunications and Information Administration, "Domain Names: Management of Internet Names and Addresses," http: //www. ntia. doc. gov/legacy/ntiahome/domainname/nsi. htm, 以及 National Telecommunications and Information Administration, "IANA Functions Contract," http: //www. ntia. doc. gov/page/iana – functions – purchase – order。

② 相关资料参见"'God of the Internet' is Dead," *BBC*, October 19, 1998; Rajiv Chandrasekaran, "Internet Reconfiguration Concerns Federal Officials," *The Washington Post*, January 31, 1998; Sandra Gittlen, "Taking the Wrong Root?" *Network World. Com*, February 4, 1998; Sandra Gittlen, "Surprise IP Address System Test Creates a Stir," *Network World*, Vol. 15, No. 6, 1998; Kate Gerwig, "One Man's Attempt to Reroute Internet Traffic", *Internet Week. com*, February 9, 1998; Damien Cave, "It's time for ICANN to go," *Salon. com*, July 2, 2002; Dave Farber, "A Comment on Gilmore: ICANN Must Go (good insights)," *Interesting – people Mailing List*, July 2, 2002。

14 个修正案（第 10 号—24 号修正案）；① 2001 年 5 月 25 日，以商务部电管局威瑞信公司发布修正案（第 25 号修正案）的形式，直接宣布原先商务部电管局与 NSI 公司签署的合作协议中的"非政府方"由 NSI 转为威瑞信，理由是威瑞信公司收购了 NSI 公司，NSI 公司已经成为了威瑞信的全资子公司。②

而在另一方面，试图对这种监管模式进行变革的各方，基于对"主权平等"的不同理解，提出了若干比较具有代表性的方案：

第一个方案是巴西等国在 ICANN 架构内提出的温和改进方案，即所谓的 Netmundial 方案。该方案于 2014 年 4 月在圣保罗会议上出台，其核心要义是试图对 ICANN 架构做出温和的调整，要求有限度地提升 ICANN 内政府建议委员会（GAC）的立场；将 ICANN 制定网络治理政策的职能，和直接管理并配置根服务器权限的职能分离；明确局限要管辖的根服务器是由威瑞信公司和 ICANN 管辖的三台顶级根服务器，不触及其他处于美国政府部门、高校管辖下的根服务器。这个方案体现了巴西等国家的利益偏好，他们并没有太多雄心塑造一个全新的网络空间新秩序，而是希望通过对多利益相关方模式的有限改革，换取美国政府极其有限的让步，即确认 ICANN 对其所管辖的数量有限的服务器的独立管辖。这种让步的本质，就是希望占据实力优势的国家能够自我约束。

第二个方案，也是形成鲜明对比的方案，是印度在 2014 年釜山会议上提出的方案。此方案是一个颠覆性的调整方案，其核心要求是试图将全球网络空间治理的主要职能转交给国际电信联盟（ITU）。为了实现这一策略，他们首先在釜山会议上尝试将有关关

---

① 相关材料参见 National Telecommunications and Information Administration, "Domain Names: Management of Internet Names and Addresses," http://www.ntia.doc.gov/legacy/ntiahome/domainname/nsi.htm。

② National Telecommunications and Information Administration, "Amendment Number Twenty - Four (24)," http://www.ntia.doc.gov/files/ntia/publications/amend24.pdf.

键技术和权限交给电信联盟，为此不惜令釜山会议面临流产的险境；同时，印度关于重组全球网络空间关键资源的建议也是颠覆性的，它提出应该参考现有的国际长途电话的管理模式和运行机制，各国将数据资源置于本国境内，然后通过类似拨打国际长途电话的方式，在访问相关网络资源时，使用统一分配的国别网络识别码，再进行接入。

由于构想过于惊世骇俗，在提交大会讨论时又存在程序瑕疵，印度这个方案至少在釜山会议当场就引发了美国的强烈不满，美方明确表示将尽一切力量抵制印度的方案。釜山会议之后，有美国研究者在不同场合都提到，"因为印度在釜山会议上的所作所为，所以印度已经失去了继续推进网络空间新秩序建立所必须的声望"①。在柏林会议上，来自国际电信联盟的印度官员尝试论证应该由 ITU 作为主要机构来承担互联网的管理和治理，但其发言立刻遭到美国商务部代表的明确反驳，称绝不会把管理 ICANN 的权限交给一个或者数个主权国家构成的管理机构；由于美方已经在转移权限的声明中设立了相关的四个前提条件，所以如果最终提出的是印度方案，美国可以宣布暂停移交权限，直至新的方案出现。

无论是巴西方案，还是印度方案，在经过时间的洗礼之后，都慢慢呈现出比较清晰的无疾而终的征兆，由此凸显出在网络空间治理中贯彻主权平等原则的困难：在不经过大规模冲突以及由此带来的颠覆性重建的情况下，完全依靠道义和制度的力量来实质性的改变和约束优势国家扩展单一主权的行为，存在相当的难度，在全球网络空间治理中依据主权平等原则，实质性的构建一套新的治理游戏规则，就可见的将来而言，某种意义上还是一种不可完成的任务；

① 笔者在 2014 年参加乌镇世界互联网大会，美国智库 CSIS 网络研究专家 J. Lewis 在与笔者讨论时，表达了此观点。

能够做到的，是在各种潜移默化中等待力量对比的变化，并预期下一个占据实质性优势的行为体，能够在观念和行动两个方面都愿意为了践行主权平等原则，而做出强有力的自我约束。

纵观整体发展，可以说，发端于 2014 年的 IANA 监管权限移交进程，新监管权限本质上是一个"私有化"方案，而非"国际化"方案。最终移交效果从三个方面被纳入美国预期的轨道：

其一，坚决杜绝任何主权国家进入的可能，为此不惜动用美国的否决权，即保留对所有移交方案以及 ICANN 章程最终修订版本的最后审核权；其二，主动用私有化方案作为移交方案的基础，将移交方案讨论的焦点，从如何更加有效地实现对根服务器、根区文件系统的国际化管辖，转移成为对 ICANN 工作流程透明度和有限监督的讨论，通过这种讨论，实现对 ICANN 理事会的弱化、虚化，用社区授权机制和授权委员会实质性削弱乃至架空理事会，同时有针对性地继续削弱本来就不强势的政府建议委员会的地位和作用；其三，在人事关系方面，强化 ICANN 决策层的兄弟会属性，严厉打击 ICANN 高层改善与美国之外国家，尤其是改善与中国关系的举动。美国国会，以科鲁兹参议员为首，组建专门的国会连线，对 ICANN 高层任何被视为靠拢中国的举动，通过媒体进行严厉质问，通过 ICANN 社群进行直接施压，确保中国能够被严格地排除在相关变革进程之外。

五、具象化的霸权威胁进一步加速全球网络
空间治理秩序良性变革的客观需求

2021 年伊始，在新冠肺炎疫情威胁笼罩下的全球，再度面临意料之外但又在情理之中的风险与挑战：1 月 8 日，美社交媒体巨头推

特发表声明称，已对现任美国总统特朗普的个人账号发布的最新推文及相关情况进行了仔细审查，鉴于该账号存在进一步煽动暴力行为的风险，推特决定永久封禁特朗普账号，此后，拥有 8800 万粉丝的特朗普推特账号被永久封禁；在此之前的 1 月 7 日，另一家美国社交媒体巨头脸书公司的首席执行官扎克伯格宣布，在脸书及 Instagram 平台屏蔽特朗普至少至 1 月 20 日其任期结束为止；根据美国媒体 VOX 统计，累计 13 家社交媒体对特朗普及其支持者账号采取了类似的封禁处置。

此外，特朗普的支持者广泛使用的社交应用 Parler 也遭遇了"系统生态级"的封禁：两大移动通信应用商店苹果和谷歌，分别从其应用商店中对此应用实施"无限制下架"。1 月 11 日，为该应用提供云服务的亚马逊，宣布将其移出亚马逊的云计算服务平台；根据 Parler 运营公司首席执行官约翰·马茨的说法，"从短信服务到电子邮件提供商，再到律师，每个供应商都抛弃了我们。"①

这一轮封禁行动，无论是对特朗普及其支持者社交媒体账号的处置，亦或是对社交应用 Parler 的封杀，都不是在美国政府给出明确的行政指令或者法律判决的情况下做出的，而是在 2021 年 1 月 6 日，特朗普公开发表演说，号召其在华盛顿支持者"去国会"，继而发生"国会山风暴"，即示威人群突破警戒线进入国会大厦，导致正在进行的 2020 年美国总统选举人团票确认仪式中断，国会议员实施紧急避险，国会大厦诸多办公室，包括众议院议长办公室遭遇洗劫等事件发生之后，依据各方对此次事件发生的政治性共识，即特朗普的演说"煽动"了此次"暴动"乃至"政变"，由社交平台运营者、电信基础设施运营商等私营公司，基于自身对美国法律的判断、

---

① Bruce Horrling, "Parler CEO Says Service Dropped by 'Every Vendor' and Could End His Business," Yahoo, January 11, 2021, https：//www. yahoo. com/entertainment/parler – ceo – says – dropped – Devery – 200411770. html.

对事态的判断，而自行采取的行动。

这一轮行动迅速引发了多方的关注，其中来自美国的传统盟友，欧洲主要国家德国与法国的消息，格外引人关注：

即将于 2021 年内结束任期的德国总理默克尔通过个人，以及政府发言人等方式，明确表示美国社交网站封禁美国总统特朗普账号的决定存在争议。在 1 月 11 日的新闻发布会上，德国政府发言人表示"社交网站运营商对保证政治讨论不被仇恨、谎言和暴力煽动所毒害负有重大责任，也不能白白看着这类内容通过一些渠道发表，所以像近几个月这样标记信息很重要。"① 言论自由是一项重要权利，"可以被限制，但要合乎法律，在法律框架内，而不是合乎社交媒体管理者的决定。""从这个角度，（德国）总理认为美国总统的账号被长期封禁是有问题的。"②

来自法国的消息则更加直接，也更加激烈。法国极右翼国民联盟党魁玛琳娜·勒庞（Marine Le Pen）在法国电视二台上表示了对推特、脸谱、苹果、谷歌等科技巨头的担心，"数码科技巨头这样的大公司，有没有权力决定谁可以讲话，可以讲什么话？"同为国民联盟的科拉尔（Gilbert Collard）在 BFM 电视台上也表示："虽然美国总统说的话我并不是都赞同，但我讨厌任何不走司法程序的封禁，这么做是赋予私立机构审查特权。"法国左派政党也对数码科技巨头（GAFA）的"一手遮天"强烈不满。极左"不屈的法兰西"党魁梅朗雄（Jean‐Luc Mélenchon）在 Youtube 上发布视频，他提醒支持者们应对脸书和推特封禁美国总统账号高度警惕："我们可以戏谑地说

---

① "Germany Has Reservations about Trump Twitter Ban, Merkel Spokesman Says," Reuters, January 11, 2021, https：///www. reuters. com/article/usa‐trump‐germany‐twitter/germany‐has‐reservations‐about‐frump‐twitter‐bam‐merkel‐spokesman‐says‐idUSL8N2JM4ES.

② "Germany and France Oppose Trump's Twitter Exile," Bloomberg, bnuary 11, 2021, https：//www. bloomberg. com/news/artides/2021‐01‐11/merkel‐sees‐closing‐trump‐s‐social‐media‐accounts‐problematic.

'禁得好'，但如果我们认可这种做法，就意味着我们默认，这些我们用来传递信息的社交媒体平台有权切断这些信息……今天是特朗普发的帖被删，明天可能就是别的。我们也同样面临着被社交网络封禁的危险。"[1] 此前，1 月 10 日，欧洲媒体报道了法国数字与电子通信部长塞德里克·奥对于封禁特朗普账号的质疑，认为这意味着以推特为代表的社交媒体平台正在进行"单方面的"媒体管控，也就是在"没有民主监督和司法监管"的情况下，实施了单方面的内容管控。[2] 法国政府发言人阿塔尔（Gabriel Attal）表示，在已经成为"一种公共空间"的社交网络上封杀政治人物会引发一些问题，对社交平台相关决定感到"不舒服";[3] 法国欧洲事务部长伯恩（Clement Beaune）称，对一家私营公司做出如此重要的决定感到震惊，表示"这样的决定应该由公民决定，而不是由公司的首席执行官决定";[4] 法国经济与财政部部长勒梅尔（Bruno Le Maire）表示，网络寡头对美国的政治生活造成威胁。[5] 对与网络平台的管理不应该只有科技巨头承担，这也是国家司法机构的任务。

坦率的说，对社交媒体账号进行管控，并非 2021 年刚刚出现；但因为此次涉及的是全球唯一超级大国现任最高领导人的账号，且

① "Trump banni de Twitler: Mélenchon s'étonne de la 'censure' des réseaux sociaux1. AFP," Youtube, https://www.youtube.com/watch? v = tAF1kPjDF2.

② Pierre – paul Bermingham, "Merkel among EU Leaders Questioning Twitter's Trump Bom," Politico, January 11, 2021, https://www.politico.eu/artide/angela – merkel – european – leaders – question – Twitler – donald – trump – ban.

③ "Trump Banned from Twitter: Gabried Attal Says He is "Uncomforteble with This Decision," Teller Report, January 11, 2021, https://www.tellerreport.com/news/2021 – 01 – 11 – %0A…trump – banned – from – twitter – gabricl – attal – says – he – is – %22uncomfortable – with – his – decision%22%0A – –. HJroGioFRw. html.

④ "Fromce Griticises 'Digital Oligarrchy' after Twitter, Facebook Shitl out Trump," RFI. January 12, 2021, https://www.rfi.fr/en/europe/20210112 – france – crilicises – digital – oligorrchy – after – twitter – facebook – shut – out – frump – germany – merkel – eu – snapchat – instagram.

⑤ Birgit Jennen, Ania Nussbaum, and Bloombely, "Problematic: Trump's Twitler Bom Prompts outcry over Tech Compomies' Power from Germany, France," Fortune, January 11, 2021, https://fortune.com/2021/01/11/problematic – twitter – merkel – france – trump/.

与美国国内政权交接等重大政治事项直接相关，所以相关问题在特定场景下出现了显著的转化，相关的讨论在国内与国际两个维度上全面展开。对特朗普及其支持者账号、发布内容，以及使用平台的处置措施的讨论，已经不可避免的升格为一场聚焦全球网络空间在国内与国际两个维度应该如何进行有效治理的大规模辩论的起点。

从美国国内政治的维度来看，相关平台对竞选连任失败但任期尚未结束，权力交接尚未完成的现任美国总统实施平台级别的账号与内容处理，自然引发了对个人言论自由等传统西方自由主义关注的价值如何应对垄断型新媒体平台巨头冲击与挑战的讨论。在此过程中要解决的问题，第一个是市场竞争结构的规制，如何避免具有某种内生的天然垄断倾向的媒介平台处于可控的状态，形成良性的市场结构，避免其事实上获得难以制约的实质性的权力，是主要的问题。第二个是媒介平台性质的认定，此次事件中自发采取行动的巨型企业，显然并不是在没有充分的法律依据的基础上贸然采取的行动，在现有美国法律的框架下，古典自由主义者看重的美国宪法第一修正案并不足以提供足够的依据对抗大型社交媒体平台的举动，这种对私有空间范围内进行言论管控的实践，在欧美国家都并不缺乏足够的实践案例，只是此次指涉的对象具有超乎一般想象的政治身份，所以才引发了某种具有受害者想定的场景想象，即"连他都被管控了，那下一个轮到我怎么办"，诱发的短期反应具有相当的放大恐惧的情绪化成分。第三个是此次行动的具体过程和技术性的细节，尤其是根据什么情况实现"自动触发"，也就是在没有得到政府明确指令和具体法律判决的情况下，平台运营者在何种情况下，遵循什么样的标准和程序，才能采取类似的行动。

从国际的维度，也就是从全球网络空间治理的角度来看，此次事件所具有的影响可能更加深远。非常清楚的是，法国和德国等出来对此相关封禁决定表示异议和不赞同，主要不是为了支持特朗普的言论；甚至实际情况可能正好相反，特朗普及其支持者在社交媒体平台上散布的言论，无论是讨论美国国内政治，抑或者是讨论外交事务，并不讨人喜欢。一如美国哈佛大学教授沃尔特对特朗普的较为客观公允的评价所指出的，特朗普在自我推销方面的天赋和藐视现有规范方面具有非凡的能力，但同时存在对大多数政策领域的无知、对真正专业知识的不信任、注意力持续时间短、不可救药的不诚实以及无法将国家利益置于自己对关注和奉承的需要之上等显著而堪称致命的缺陷。特朗普的支持者群体多数也有类似的特点。因此，可以这样说，包括默克尔在内，多数对于此次事件中，推特、脸书等社交平台的做法表达不满的真正原因，在于一种真切的恐惧，一种对美国可能实质性滥用网络空间霸权所导致严重后果的真切的恐惧。与这种恐惧密切相关的，是美国，包括美国政府和美国企业，在当前全球网络空间治理中所处的地位、具有的优势，以及长期以来事实上推崇的规范和秩序性安排。

现在可以比较坦率的就此问题进行比较务实和深入的讨论：从 20 世纪 90 年代开始，当互联网启动从欧美发达国家开始，越过冷战时期的壁垒，向全球进行扩散，并且催生全球网络空间的历史性进程之后，绝大多数时间，不可或缺的治理模式、指导原则、秩序安排等，均具有某种自发、滞后以及相对缓慢的特点。绝大多数场景下，是基于历史贡献、先发优势，以及客观实力等原则，自发形成的一套秩序。从 21 世纪初期开始，始终困扰人们的一个问题，就是美国政府、机构和企业，在全球网络空间治理中所处的地位、所具有的影响，以及可能发挥的作用。在绝大多数场景下，相关的讨论，一个比较常见，或者说核心的论证逻辑，就是"历史证据"＋"美国例外论"，简而言之，就是强调早期发展所形成的既定事实，建立在新自由主义框架上的"良性主导国家"，以及各种委婉程度不同的"美国例外论"。个别美国学者在国际论坛的内部讨论中，还会依据道德高地展开某种习惯性的论述，其常见表达模式为：客观上互联网总归要归属于某个国家管辖之下的，有哪个国家能够管的比美国更好。

这种表达模式的背后，存在这样一种假设，一如 20 世纪 90 年代中后期美国国际关系理论研究者、以肯尼斯·沃尔兹为代表所表述的：一方面，美国享有无法在客观上被撼动的压倒性的优势，尤其是技术领域的巨大优势；另一方面，美国的精英，包括政治、经济和社会领域的精英，能够以一种审慎的、具有显著自我克制特点的方式来使用这种优势。这种超级大国的自我克制，能够实现两个效果：第一，降低美国实力的损耗，延长美国处于实力顶峰的时间；第二，提升其他行为体认可乃至接受美国主导下的秩序与治理实践的概率。换言之，这是一种建立在"负责任霸权""良性霸权""制度性霸权"基础上的指向全球网络空间的治理秩序。

但这种假设，从 2010 年发展到 2021 年，已经走到了一个极为显著的瓶颈阶段，至少有两个问题已经显著地暴露了出来：

第一，原先美国主导下的全球网络空间治理秩序，具有显著的霸权属性。这种霸权属性的核心特征，是与能力非对称分布相匹配的单向度的秩序安排，最主要的差异，在国际维度集中表现为美国国家主权的单向度扩张。此前美国政府与企业最喜欢使用的核心概念——多利益相关方，本质上就是努力说服这样一个事实，尽可能少的让（除美国之外的）主权行为体介入全球网络空间，从而达成全球网络空间关键性的基础设施或者是资源，事实上单方面处于美国主权直接或者间接的管控之下，是最合理的一种安排，因为符合技术的内生需求，因为符合市场效益最大化的需求，而"有良知"的美国主权者不会滥用这种优势。但斯诺登披露的"棱镜门"，围绕"通俄门"展开的对欧美社交媒体的管控，特朗普政府表现出的极度自我中心的"退群"举措，以及此次对特朗普及其支持者的平台级封禁，都证明了这种霸权属性会导致对其他网络空间行为体核心利益的某种"生存性"威胁。

第二，现有的全球网络空间治理秩序中，缺乏能够对冲此类安全威胁的有效安排。以法国和德国在意识形态、历史文化以及现实国家利益方面与美国的深厚渊源，此次做出的表态，折射出没有任何国家能够自愿将本国的核心利益置于某种无法管控的风险之下，将国家安全与核心利益护持的希望，寄托在盟友的良心与责任感的基础上。已有的全球网络空间治理秩序，显然并不具备任何有说服力的机制、规范或者是制度，能够对冲乃至消除这种威胁。

当然，换个角度来看，这种威胁一如 2020 年出现的新冠肺炎疫情，带来重大威胁、冲击以及挑战的同时，也在客观上为推动实现重大的良性变革，提供了具有历史性意义的强大动力。如果说在此之前，各种复杂因素的共同作用，全球网络空间治理中复杂互动的各利益相关方，对尊重网络主权平等原则等具有显著平等性诉求的主张，还存在各种微妙的差异性认知的话，那么在面对已经明确呈现出有较高概率会实质性突破自设边界，在各个领域滥用自身优势，综合而全面的威胁全球网络空间正常运行秩序的具象化的霸权威胁，真正聚焦尊重主权平等原则基础上的多边－多方合作，重新回到互联互通，共商共建共享共治这个良性轨道上，积极推进全球网络空间治理秩序的良性迭代，毫无疑问，理应成为负责任各方的理性共识。

网络空间国际秩序的形成机制①

郎　平*

摘　要：网络空间与现实空间深度融合，因而兼具虚拟与现实的双重属性。随着网络空间内涵和外延的不断扩大，不同类型的行为体先后介入网络空间的国际治理，成为国际规范制定的主体；依托各自不同的利益诉求，各行为体在不同的层面上展开了力量的博弈，建立了相应的国际机制和制度安排，以应对不同层次的冲突和挑战。对于网络空间而言，建立国际秩序就是不同行为体通过确立相应的制度安排制定国际规范，从而解决不同层次的问题和冲突的过程。未来网络空间国际秩序的形成主要表现为价值观、制度平台的选择以及规则制定的博弈，而秩序形成背后的演进机制则取决于国家之间以及国家与非国家行为体之间的力量博弈。中美之间的合作与竞争态势将成为影响网络空间国际秩序建立的重要参照。

关键词：网络空间　国际秩序　形成机制　中美关系

互联网是冷战时代的产物，1969 年 11 月，"为了帮助美国抵御

---

①　本文原载于《国际政治科学》2018 年第 3 期，第 25－54 页。写作亦是学习的过程，与同仁之间的探讨更是受益匪浅，在此感谢清华大学国际关系学院主办的"世界秩序的变革与中国应对"研讨会与会者给予作者的启迪，特别致谢阎学通、李彬、孙学峰、漆海霞、徐进以及匿名评审对于本文提出的宝贵建议和意见。

*　郎平，中国社科院世界经济与政治研究所国际政治理论研究室副主任、副研究员。

核袭击而提供通信系统",美国国防部启动了一个名为"阿帕网"（ARPANET）的军研项目。此后,在诸多科学家的努力下,真正的互联网得以首先在美国和欧洲形成。冷战结束之后,国际环境缓和,互联网随之进入商业化运营,并且开始在全球迅速普及。一般来说,互联网可以分为三个层面:一是物理实体的基础设施层,包括海底光缆、服务器、个人电脑、移动设备等互联网硬件设施;二是由域名、IP地址等唯一识别符和技术标准所构成的逻辑层;三是各种网站、服务、应用、数据构成的内容层。互联网用户的活动以网络为媒介向政治、经济和社会领域扩展,由此构成了更加立体、多维度的网络空间。

对于究竟什么是"网络空间",目前并没有统一的界定;视角不同,定义的内容也各有侧重。但无论定义有何不同,网络空间所具有的虚拟技术属性和社会属性为其赋予了海、陆、空等其他空间域完全不同的特征。首先,互联网是分布式的网络,它的技术特点决定了没有哪个个人、机构或国家能够单独控制互联网,传统的政府控制权被分散,网络空间治理只能依靠各利益相关方之间的协商和合作才得以实现;其次,网络空间的内容可以无视地理因素跨越国家的传统边界,通信规模和种类急剧攀升,网络信息传播具有极强的隐蔽性,传播范围之广、速度之快,很难被彻底切断或遏制;最后,和传统的军事攻击相比,发动网络攻击的门槛很低,而打击目标则更广,一个国家的政治、军事、经济、社会以及个人的安全都会受到不同程度的威胁,由于网络空间安全问题的模糊性、隐蔽性和不对称性,传统的维护国家安全的手段很难有效应对。

目前,学界对于网络空间的研究主要集中于治理的模式选择和路径,探讨应采用何种方式对这个新兴的领域进行治理。由于互联网的技术属性,大部分学者是技术领域的学科背景,他们对网络空间治理的思路更多偏向于去政府化的跨国治理,其代表人物是美国学者弥尔顿·穆勒（Milton Mueller），他从政治、公共政策和国际关系等方面集中探讨了互联网被民族国家管制而出现的"碎片化"，提出了从民族主权（national sovereignty）转向主权在民（popular sovereignty）的网络空间框架。① 但随着网络空间逐渐成为国际关系和外交层面的核心议题，约瑟夫·奈是最早开始将目光聚焦于信息技术和网络空间对国际关系影响的学者，他特别论述了信息技术发展所导致的传统权力的分散化；结合对全球网络治理活动的观察，提出了一个由深度、宽度、组合体和履约度四个维度构成的规范性分析框架——机制复合体理论。② 美国外交关系委员会的史国力（Adam Segal）是为数不多的从世界秩序的视角来关注网络空间治理的学者，他认为在数字时代，传统上国家主导的世界秩序已然发生了改变，而网络空间的世界秩序已然被黑客掌控，③ 其观点在很大程度上体现出其"捍卫开放、全球、安全、弹性互联网"的价值观。

诚然，技术的确可以左右天下大势。以互联网为代表的信息技术逐渐渗透到国家政治、经济、社会活动的方方面面，它不仅改变了人们的生活方式，更引领了社会生产方式的变革。随着网络空间与现实空间的深度融合，网络空间不仅面临着现实空间针对虚拟空间的各种威胁，而且必须应对虚拟空间对现实空间原有国际秩序的冲击。建立网络空间的国际秩序已经成为当务之急，而其目标应包含两个层面：一是确保互联网本身的安全、有效运行，实现全球网

---

① ［美］弥尔顿·穆勒：《网络与国家：互联网治理的全球政治学》，周程、鲁锐、夏雪、郑凯伦译，上海交通大学出版社，2015 年版；Milton Mueller, *Will the Internet Fragment? Sovereignty, Globalization and Cyberspace*, Cambridge, UK: Polity Press, 2017。

② 2017 年 3 月，他在《国际安全》上发表了《网络空间威慑与劝阻》的论文，探讨了网络威慑的概念、手段及实现策略，并提出了网络空间威慑的四种途径。Joseph S. Nye, Jr., *The Future of Power*, NY: Public Affairs; 2011; *Is the American Century Over?* Cambridge, UK: Polity Press, 2015; "Deterrence and Dissuasion in Cyberspace," *International Security*, Vol. 41, No. 3, 2017.

③ Adam Segal, *The Hacked World Order: How Nations Fight, Trade, Maneuver, and Manipulate in the Digital Age*, NY: Public Affairs, 2016.

络空间的互联互通；二是制定国际规范来抑制与网络有关的冲突升级，维持现实空间的和平与稳定。

一、网络空间国际秩序的界定

在现实空间，国际秩序是"国际体系中的国家依据国家规范、采取非暴力方式处理冲突的状态"，它包含了三个构成要素：价值观、制度安排和国际规范。[①] 作为一个新生事物，网络空间尚没有形成以国际规范为核心要素的国际秩序。对于网络空间而言，建立国际秩序其实就是不同行为体通过确立相应的制度安排制定国际规范、解决不同层次的问题和冲突的过程，从而避免冲突升级为不可控的状态。

从冲突面观察，一般来说，网络空间的冲突可以分为两类：一类是自然性的冲突，这类冲突的发生通常是源于非恶意的动机，例如治理体系的不完善或者缺失、管理机构的人事变动抑或某些不可控因素等；另一类冲突则更具暴力性，例如以人身、财产为侵害目标，通过非法手段，对被害人的身心健康、生命财产安全造成极大损害的行为，而国与国之间的武力冲突或战争则是最高级别的暴力冲突。特别是随着国家对互联网的依赖程度日渐增加，网络空间的脆弱性也愈发凸显，安全威胁也更加复杂和多元化，它不仅包含了互联网技术和社会公共政策层面的挑战，也涉及经济层面的数字经济和发展问题、安全层面的网络犯罪、网络恐怖主义和网络战、社会层面的个人信息和隐私保护等。

由于冲突的性质不同，冲突的解决方式也有所差别，但其中最

---

① 阎学通：《无序体系中的国际秩序》，《国际政治科学》2016 年第 1 期，第 13 页。

为严峻和棘手的则是对国家安全的威胁。网络空间改变了传统的战争手段和组织方式，也对国家安全带来了新的冲击和威胁。2007年的爱沙尼亚危机、2008年的格鲁吉亚战争以及2010年伊朗核设施遭受"蠕虫"病毒攻击，使得国家安全的最高决策者们开始真正关注网络空间的安全问题。许多战略家们相信，网络空间的先发制人已经出现，"网络战"的潘多拉盒子已经开启。[①] 约瑟夫·奈（Joseph S. Nye）认为，我们刚刚开始看到网络战的样子，与国家行为体相比，非国家行为体更有可能发动网络攻击，现在是各个国家坐下来探讨如何防范网络威胁、维持世界和平的时候了。[②] 总之，在网络空间，两种类型的冲突在不同层面上同时存在，客观来说是一种常态，如何通过非暴力手段抑制冲突的升级，才是建立网络空间秩序的意义所在。

目前，国际社会对于网络空间的认识正处于一个学习的阶段，围绕网络空间治理什么，由谁治理以及在哪里治理这些基本性问题，政府、私营机构、公民社会等不同行为体之间展开了激烈的交锋。引领这场大论战的是有关价值观的争论：一种观点认为网络空间治理应采用网络化的治理模式，即所谓的"多利益相关方"模式，他们认为，在资源极度丰富、社群高度自制的网络世界，凭借自由、开放的自主合作就可以实现网络空间的"无为而治"，其代表主要是技术社群和美欧等大多数国家。另一种观点则认为，在无政府世界里，政府应在网络空间治理中发挥主导作用，即所谓的"多边模式"；尽管互联网信息技术的发展弱化了民族国家和政府在网络空间的控制能力，但是从国家安全的角度考虑，国家仍然应该享有对网络空间的主导权，其代表则主要是中国、俄罗斯以及一些发展中国

① Myriam Dunn Cavelty, "Unraveling the Stuxnet Effect: Of Much Persistence and Little Change in the Cyber Threats Debate," *Military and Strategic Affairs*, Vol. 3, No. 3, 2011.

② Joseph S. Nye, "Cyber War and Peace," *Today's Zaman*, April 10, 2012.

家。这两种观点的对立同样也延伸到制度安排的争论中，前者主张
建立国际非政府机构来治理互联网，摆脱国家和政府的束缚，而后
者则希望由国家主导的互联网治理机构来发挥作用，将网络空间议
题纳入国家主权的范畴。

上述两种模式之争在 2012 年国际电信联盟召开的国际电信世界
大会上达到顶峰。俄罗斯和阿拉伯国家在提案中建议修改规则，使
国际电信联盟能够在网络空间发挥更大的作用，但遭到美国及欧洲
国家的强烈反对，认为这将改变互联网"无国界"的性质，赋予政
府干预网络空间的权力，西方国家的私营部门以及非政府组织更是
强烈抗议将互联网纳入联合国的管理之下。大会按照多数原则，以
政府表决方式通过了这份具有约束力的全球性条约。修订后的《国
际电信规则》给予所有国家平等接触国际电信业务的权利及拦截垃
圾邮件的能力，得到了 89 个成员国的签署，但是以美国、欧洲国家
为首的 55 个成员国以"威胁互联网的开放性"为由拒绝签字。随着
新规则在 2015 年 1 月 1 日生效，未签署的国家将仍然沿用原有规
则①，这无疑使得新规则通过的意义大打折扣。

据此，有学者将 2012 年看作是网络空间国际秩序之争的"元
年"②。这一年，除了模式之争导致国际社会两派对立，美国政府承
认参与开发了"蠕虫"病毒等网络武器，参与了针对伊朗核设施的
"奥运行动"（Olympic Games Operation）；美国政府大肆抨击中国和

---

① "原有规则"是指 1988 年版的《国际电信规则》，由于当时互联网尚未普及，信息和通信
技术并未包含在内。2012 年版的新《规则》为确保全球信息自由流通设定了通用原则，并特别纳入
了增加国际移动漫游资费和竞争的透明度、支持发展中国家电信发展、为残疾人获取电信服务提供
便利、提高电信网能源效率、处理电子废弃物等多项新内容，为在全球普及信息和通信技术、实
现信息的自由流通奠定了基础。由于在国际电信联盟是否应支持政府对互联网的监管、《电信规则》
是否应涉及网络安全和允许对垃圾邮件进行监控等条款上存在不同意见，美国、英国等国拒绝接受
修订后的规则，部分欧洲国家则持保留意见。参见"国际电信大会修订《国际电信规则》遭美英等
抑制"，中国网，2012 年 12 月 15 日，http：//news. 163. com/12/1215/11/8IOVIBNC00014JB6.
html。

② Adam Segal, *The Hacked World Order*, New York：Public Affairs，2016.

俄罗斯利用网络间谍进行不正当商业竞争，并且起诉了五名中国军官，中美、俄美关系一度步入低谷。即使一些跨国主义者再不情愿，网络空间终于成为了大国博弈的新"战场"。在过去数百年中，民族国家是国际秩序的缔造者，凭借自身的军事和经济实力以及外交手段来影响国际规范和制度安排。然而，在网络空间，安全威胁可能来自国家行为体，更可能源自难以追踪的非政府行为体，抑或是国家与非政府行为体的结合；网络空间的关键基础设施大多掌控在私营部门，特别是某些互联网巨头手中，政府的权力在很大程度上被分散。

在这种背景下，网络空间的无序状态持续下去，很可能会导致难以估量的后果，网络空间国际秩序的建立已经迫在眉睫。在网络空间国际秩序的形成过程中，就国际规范而言，一方面在技术层面已经建立了较为成熟的国际标准，另一方面，传统现实空间的国际规范和原则可以同样适用于网络空间，例如《联合国宪章》的基本原则，但是还有更多的新问题需要制定新的规范来加以约束；就制度安排来看，新机制和旧机制如何在纷繁复杂的治理体系中和谐共存，各自的管辖范围如何划分，都是当前面临的重要挑战。

二、网络空间治理体系：行为体与机制

网络空间治理体系的形成，特别是达成的一系列制度安排，是构建网络空间国际秩序的前提和基础。随着网络空间的不断发展和扩大，不同类型的行为体先后介入网络空间的国际治理，成为国际规范制定的主体；依托各自不同的利益诉求，各行为体在不同的层面上展开了力量的博弈，建立了相应的国际机制和制度安排，以应对不同层次的冲突和挑战。回顾网络空间治理体系的发展进程，可

以观察到不同行为体之间的互动以及国际机制的制度特征。

（一）20 世纪 80 年代中期至 90 年代中期：技术社群主导

这一时期以互联网技术和产业社群等私营部门为主导，互联网工程任务组（IETF）、区域互联网注册管理机构（RIR）等一系列互联网治理机制相继成立。这些机制成立的目的主要集中于技术层面，例如互联网技术标准的研发和制定，其目标是确保互联网在全球范围内有效、安全运行。

20 世纪 80 年代中期，互联网开始商业化并进入一个快速发展的阶段，随之而来的技术问题也日趋复杂。1985 年，互联网工程任务组（IETF）成立，这是一个由网络设计师、运营者、服务提供商等参与的非盈利性、开放的民间行业机构，主要负责与互联网运转相关的标准和控制协议的制定。1992 年，互联网协会（ISOC）成立，其目标是为全球互联网的发展创造有益、开放的条件，并就互联网技术制定相应的标准、发布信息、进行培训等，并负责互联网工程任务组、互联网结构委员会（IAB）等组织的组织与协调工作；1994 年，万维网联盟（W3C）成立，作为互联网企业的业界同盟，它主要负责网页标准的制定与管理，也是网页标准制定方面最具权威和影响力的标准制定机构。

上述机制有一个共同的特征，那就是松散的、自律的、自愿的、全球性、开放性、非营利性的非政府机构，任何人都可以注册参与机制的活动，通过讨论形成共识制定技术标准和相关政策。这种将政府权威排除在外、没有集中规划、也没有总体设计的自下而上、协商一致的治理模式，在很大程度上体现了早期互联网先驱们所崇尚的自由主义精神和文化，也为后期互联网治理"多利益相关方"模式的发展奠定了基础。

（二）20 世纪 90 年代后期至 21 世纪初：技术社群与美国政府的博弈

这一时期的主要特征是美国政府由幕后走向台前，与技术社群之间就互联网域名和地址分配的控制权展开了激烈博弈。博弈的结果是互联网名称与数字地址分配机构（ICANN）的建立，但也就此拉开了政府在互联网治理中应扮演何种角色的争论序幕。

IP 地址分配和域名管理的实际工作开始于 1972 年，一直由阿帕网的发明者之一、协议发明大师乔恩·波斯托（Jon Postel）教授及其同事以民间身份负责。然而，随着互联网的日渐全球化，域名和地址分配系统的重要性日渐突出，美国政府不甘心将该领域的控制权让于"国际特设委员会"，1997 年 7 月，美国商务部公开发表"关于互联网域名注册和管理的征求意见"，以实际行动宣示其对互联网域名和地址分配的实际控制权。[①] 1998 年 1 月，乔恩·波斯托发动了互联网空间的第一次反美"政变"，他致信非美国政府根服务器的运营商，要求他们使用 IANA 的服务器获取权威根区信息，以实际行动向美国政府宣示："美国无法从在过去 30 年里建立并维持互联网运转的专家们手中掠夺互联网的控制权"。[②] 然而，此次"试验"仅维持了一周的时间就在美国政府的压力下停止。尽管波斯托将其称作一次技术实验，但却从事实上证明可以有效地摆脱美国政府对域名系统的根区控制权，直接推动了美国政府对互联网域名系统管理进行改革的决心。

1998 年 2 月，美国商务部公布了互联网域名和地址管理"绿皮

---

① Internet Society, "The IANA Timeline: An Extended Timeline with Citations and Commentary," http://www.internetsociety.org/ianatimeline.

② P. W. Singer and Allan Friedman, "Cybersecurity and Cyberwar: What Everyone Needs to Know," New York: Oxford University Press, 2014, p.182.

书"，决定改善互联网域名和地址系统的技术管理，以"一种负责任的态度"终止美国政府对互联网数字地址与域名分配的控制权。经过广泛调研，1998 年 6 月，美国商务部国家电信信息局（NTIA）重新发布了互联网"白皮书"，决定成立一个由全球网络界商业、技术及学术各领域专家组成的民间非盈利公司——互联网名称与数字地址分配机构，负责接管包括管理域名和 IP 地址分配等与互联网相关的任务，国家电信信息局通过与互联网数字分配当局（IANA）签订合同，对其行使监管权。至此，互联网域名与地址分配的主导权之争尘埃落定，ICANN 的成立将其他国家的政府排除在决策圈之外，但是由于历史原因，美国政府仍然保持了幕后监管的特殊权力和地位。

由此，互联网工程任务组、互联网协会、区域互联网注册管理机构（RIR）以及 ICANN 构成了掌控全球互联网关键资源的一个有机的机构集群。它们伴随着互联网的成长而发展壮大，以私营部门的行为体为主导，制定了从标准的制定到域名、IP 地址的分配这些令全球互联网得以有效运转的国际规范。更重要的是，它实现了一次重大的权力转换，代表了政策和治理在方法与实质上的一次重要变革。[1] 与此同时，一些传统的政府间国际组织也开始触及互联网相关的议题，但只是零星的尝试，例如，世界知识产权组织从 1996 年开始制定一些涉及互联网的著作权、网络域名和商标问题的条例；国际电信联盟也尝试参与到网络域名的治理中，但没有成功。值得一提的是，虽然这一时期互联网国际规范的制定权归属于这些非政府的私营机构，但美国政府仍然是一个独特的存在。这一方面是因为互联网的诞生固然离不开美国政府的支持，域名等关键资源的管

---

① ［美］米尔顿·穆勒：《网络与国家：互联网治理的全球政治学》，周程、鲁锐、夏雪、郑凯伦译，上海：上海交通大学出版社，2015 年版，第 260 页。

理仍然处于美国商务部的监管之下，另一方面，由于注册地在美国，这些机构仍需接受美国的司法管辖。

（三）21 世纪初至今：网络空间国际治理体系的形成

这一时期，互联网在全球层面迅速普及，并且融入到国家政治、经济和社会生活的方方面面，网络空间治理的内容开始从技术层面向经济、社会层面的公共政策和安全领域扩展，逐渐形成了多层次、多元化、全方位的治理体系。信息社会世界峰会（WSIS）、互联网治理论坛（IGF）等全球性的互联网治理机构相继成立，与此同时，一些原有的国际组织和机构也将网络空间相关的议题纳入议程，勾勒出一幅貌似混杂无序的网络空间国际治理的制度蓝图。

2003 年由联合国大会决议召开的信息社会世界峰会是网络空间治理进程中的一个标志性事件。此次会议举办的目的是"构建关于全球信息社会的共同愿景，增进对全球信息社会的理解"，并且"利用知识和技术的潜能来促进《联合国千年宣言》发展目标的实现"。① 基于上述愿景，此次会议虽然没有能够就信息社会和发展问题展开深入讨论，但却对互联网治理的机制发展产生了深远的影响，它主要体现在：（1）明确了互联网治理的内容以及建立互联网治理论坛作为探讨全球互联网治理的重要机制；（2）明确了"行为体的不同角色与责任"，确认了主权国家政府在互联网公共政策制定领域的权力，而技术管理与日常运营则归属于私营部门和公民社会管理；（3）正式拉开了基于主权国家间的多边主义与基于私营部门的多利益相关方两种治理模式之争的序幕，凸显了美国、欧盟、发展中国家和公民社会这四种群体之间的利益博弈；（4）明确了信息社会世

---

① 联合国大会决议 56/183（2001 年 12 月 21 日）。

界峰会的治理内容将聚焦于互联网发展问题，并且与国际电信联盟、经合组织、贸发会议、世界银行、欧盟统计局、联合国经社委员会建立伙伴关系，形成了"WSIS＋10"的治理机制。

另一个突出的进展是网络安全治理机制的建立，网络安全治理的内容逐渐从技术层面的狭义"互联网安全"提升至国家战略层面的全方位的"网络安全"。早在1998年9月，俄罗斯就在联合国大会第一委员会提交了一份名为"从国家安全角度看信息和电信领域的发展"的决议草案，呼吁缔结一项网络军备控制的协定，但并没有得到其他国家的响应。直到2004年开始，联合国大会成立了联合国信息安全政府专家组（UNGGE），授权其对该决议草案的内容进行研究；2005年至2009年的五年间，该决议草案的发起国迅速增加到30个，而美国则坚持反对将其纳入联合国大会议程；2010年之后，美国的立场发生转变，首次成为网络安全决议草案的共同提议国。自此，包括中、美、俄在内的主要大国都同意就网络安全问题进行研讨和对话。2015年6月，第四个联合国信息安全政府专家组的工作取得重大进展，达成最终框架文件，为网络空间安全行为准则的制定奠定了基础；2016年，第五个政府专家小组成立，联合国大会及联合国信息安全政府专家组也成为当前全球层次上网络安全治理的重要机制和平台。

在地区层次上，北约、上合组织、欧洲委员会等也成为网络安全治理的重要机制。2017年2月，《塔林手册2.0版》由剑桥大学出版社首发，将网络空间的国际规则由战争时期扩展至和平时期，由此实现了一整套完整的网络空间国际规则。2012年4月，上海合作组织第七次安全会议再次发表声明，将采取措施防范网络恐怖主义和网络犯罪对地区安全的威胁；计划建立"互联网警察机构"以加强安全领域相关合作，建立更有效的防范和打击机制。2001年，欧洲委员会26个成员国与美国、加拿大、日本和南非等30个国家在布达佩斯共同签署了《网络犯罪公约》，它是世界上第一部，也是迄今为止唯一一部针对网络犯罪行为的国际公约，至 2013 年 4 月已经有 39 个签约国。

与上一个阶段相比，当前的网络空间治理实现了两个维度的跨越：一是治理内容开始从技术层面向经济、政治和安全层面扩展；二是治理机制也由技术专家主导的非政府机构向传统的政府间国际组织和平台渗透，G20、金砖国家等重要的地区治理机制都将网络相关的议题纳入进来。此外，在网络空间治理机制向外扩展的同时，网络空间治理机制本身的改革也在不断深化，最突出的事例就是2016 年 10 月 1 日，美国商务部与 ICANN 间的互联网数字分配当局职能合同如期失效，美国商务部正式放弃对互联网根域名服务器的监管权，将其移交给 ICANN（互联网名称与数字地址分配机构）管理。

至此，经历了 30 年的发展演变，网络空间已经形成了由私营部门、政府、公民社会和个人用户等多种行为体构成的互动体系。从行为体互动的角度观察，私营部门在技术层面的博弈中取得了主导权；政府行为体之间的博弈则主要体现在经济和安全等政治性相对较高的领域；在社会公共政策领域，政府行为体、私营部门以及公民社会等多个行为体的博弈正陷入一片混战。从制度安排的特征观察，不仅包含了技术社群为治理主体的非政府机制，也包含了ICANN 这样异质多元治理主体的机制，并且囊括了国家行为体和非国家行为体共同参与以及政府间的国际机制（联合国、北约）。

国际体系所体现的是行为体之间互动的客观存在，行为体、国际格局和国际规范是国际体系构成的核心要素。就网络空间的现状而言，上述多种利益相关方均已参与到全球治理的体系中来，多种行为体之间的互动已经形成了基本的力量格局，对于国际规范的探讨也正处于博弈进程中。但是，国际体系的形成并不意味着一定存在国际秩序，它还需要经过行为体的博弈产生出主导的价值观，建立何种制度安排来实现包括规则制定权在内的权力分配，从而决定以什么样的方式来解决冲突，避免出现冲突不可控的失序状态。从这个意义上说，网络空间的国际秩序仍然处于早期的形成过程中。

三、网络空间国际秩序：冲突与解决

随着互联网在各领域的无限渗透，网络空间的内涵和外延仍然在不断扩大，涉及的议题跨越技术、社会、经济和安全等各个层次，由此产生的冲突也在各个层次上表现出不同的态势和解决路径。如果国际社会能够确立有效的解决冲突的制度安排，那么我们认为冲突的解决正在向着有秩序的方向发展；如果能够在制度安排框架下达成相应的国际规范，那么我们认为，网络空间的国际秩序已经具备了基本的构成要件。当然，网络空间是否有秩序还要取决于国际规范是否能够有效发挥约束力。

（一）技术层面

在技术层面，网络空间国际秩序建立的目标是为了确保全球互联网基础设施的安全、有效运行。然而，网络空间存在的安全威胁正在不断扩大，根据联合国国际电信联盟最新的统计报告，"对计算机网络构成的威胁正在从相对来说危害不大的垃圾邮件向具有恶意的威胁方向转化。"[1] 一般来说，这一层次的冲突主要有两类：

---

[1] ITU, "Global Cybersecurity Index 2017," July 6, 2017, http: //www. itu. int/en/ITU – D/ Cybersecurity/Pages/GCI. aspx.

　　第一类属于自然性冲突，主要源于互联网运行机制自身的安全风险。这一方面是因为互联网运行的软件本身不可能是完美的，必然会存在一些漏洞，而这些漏洞如果不能及时修补，很有可能影响到软件的运行效率，或者被一些不法人士利用来发起网络攻击，从而威胁到用户的使用安全；另一方面，互联网运行的管理缺陷也会造成互联网访问不能正常运行，典型的案例如域名管理人员被捕入狱，伊拉克国家顶级域名. iq 在 2003 年伊拉克战争期间一度无法申请和进行解析；2004 年 4 月，由于负责利比亚顶级域名管理的公司人事纠纷，该域名的主服务器停止工作，所有以. ly 域名结尾的网站均无法访问，影响到大约 1. 25 万个域名。[①]

　　第二类也是更为常见的暴力冲突，主要来源于非国家行为体的恶意安全威胁，例如垃圾邮件、木马、钓鱼网站、病毒等。这些非国家行为体可能是有组织的黑客集团，也有可能是某些个人，他们利用软件的漏洞或者攻击工具，对目标发动攻击，致使互联网无法正常运转并造成较大的经济损失，其中最常见的是分布式拒绝服务（DDoS）攻击[②]和木马病毒。例如，2016 年 10 月 23 日，由于美国最主要 DNS 服务商 Dyn 遭遇了大规模 DDoS 攻击，美国多个热门网站包括 Twitter、Spotify、Netflix、Github、Airbnb、Visa、CNN、《华尔街日报》等上百家网站都出现了无法访问的情况，有媒体将此次事件形容为"史上最严重 DDoS 攻击"。[③] 再比如，2017 年 5 月，WannaCry 勒索病毒利用"Eternal Blue"（永恒之蓝）的漏洞以及木马软件，以其惊人的破坏力在全球肆虐，影响到 150 多个国家 1 万

---

　　① ICANN 北京："利比亚国家顶级域名（. LY）中止服务始末"，http：//mp. weixin. qq. com/s/OOHLVjVSUL_hw5VD65Mp4g。

　　② 分布式拒绝服务（DDoS）攻击是指借助于客户/服务器技术，将多个计算机联合起来作为攻击平台，对一个或多个目标发动 DDoS 攻击。

　　③ 凤凰科技："史上最严重 DDoS 攻击：今早大半个美国'断网'"，2016 年 10 月 23 日，http：//tech. ifeng. com/a/20161023/44475515_0. shtml。

多个组织机构的电脑系统，造成全球 80 亿美元的损失，甚至危及一些国家的关键信息基础设施，这不能不说是目前网络安全模式的失败。①

目前，针对第一类安全风险的国际制度安排已经相对成熟，除了制定一系列的国际标准之外，也建立了不同的机构来维护技术社群、用户以及政府之间的正常秩序。这些制度安排的特征是私营机构为主导的、以"多利益相关方"为组织和决策模式的一系列国际机制（统称为 I∗）。根据互联网协会的界定，"多利益相关方"并不是一种单一的模式，也不是一种唯一的解决方案，而是一系列基本原则，例如，包容和透明；共同承担责任；有效的决策和执行；分布式和可互操作的治理合作。② 事实上，作为一种制度路径，"多利益相关方"在实践中具有相当的灵活性，以该框架为指导的治理机制呈现出不同的类型和特征。

一种类型以 IETF 为代表，I∗ 等诸多技术性领域的治理机制均属于此类。这些机制的主体均是互联网领域的相关技术专家，奉行的是将政府权威排除在外、没有集中规划、也没有总体设计的自下而上、协商一致、以共识为决策基础的治理模式。从治理内容上看，它的任务是就关键资源的管理、网页标准和传输标准制定共同的国际标准，但从目标上看，它实现了全球不同国家技术社群之间的协调一致，避免不同地区的技术社群因规则制定权力的争夺而陷入混乱。

以互联网工程任务组为例，作为一个庞大而成熟的标准化组织，它向所有人开放，举行公开会议研讨技术问题；每年召开 3—4 次会

---

① E 安全："早在 WannaCry 之前，至少存在三个组织利用永恒之蓝发起攻击"，2017 年 5 月 25 日，http://mp.weixin.qq.com/s/AWUQAG0TNCPYi5BoYqtg4g。

② Internet Society, "Internet Governance：Why the Multistakeholder Approach Works," April 26, 2016, https://www.internetsociety.org/doc/internet - governance - why - multistakeholder - approach - works.

议，其规模不断扩大，从 1987 年的 50 人扩大到 2012 年的 1200 余人，为来自公司企业、研究机构、高校、标准组织的技术人员创造了交流的空间。互联网工程任务组政策的出台需要经过三轮征求意见：首先，互联网工程任务组下属的各个工作组提出一项新的政策，以草案形式在内部达成一致，然后由工作组主席发出最终的征求意见稿，在两周后提交给互联网工程控制组（IESG）；第二阶段，互联网工程控制组向整个互联网工程任务组发布相关草案，两周征集意见；第三阶段，互联网工程控制组内部对于草案的修改或者驳回。① 所谓共识驱动，并不要求所有参与者的同意，只要主流意见总体上同意即可。如果内部不能解决争议，他可以向互联网结构委员会（IAB）请求仲裁。因此，互联网工程任务组模式又被称为"精英模式"。②

还有一种类型是以互联网域名与地址分配机构（ICANN）为代表，治理内容是协调域名在 DNS 根区的分配和指派，促进 DNS 根服务器系统的运行和优化，确保互联网唯一标识符系统的稳定、安全运行。同样是奉行"多利益相关方"的组织和决策模式，ICANN 的权力主体由"同质"的技术专家向"异质"的多元化主体扩展，从域名注册商等中小企业到普通的互联网用户，从技术人员、政府、学术界到民间机构，各相关方都能够参与其中，表达自身的利益诉求。从这个意义上说，ICANN 的作用与其说是互联网关键资源的管理，不如说是维持了不同行为体之间在规则制定权和发言权方面的一种"均势"。

与上一种类型相比，其权力的主体更加多元化，特别是政府主

① IETF, "The Internet Standards Process – Revision 3," http：//www. ietf. org/about/standards – process. html.

② Jeremy Malcolm, "Multi – stakeholder Governance and the Internet Governance Forum, Wembley," Australia：Terminus Press, p. 203.

体可以进行有限度的参与，他们在咨询委员会内对董事会的决定提出质疑，但是没有否决的权力。2016 年 10 月，美国商务部对互联网数字分配当局的监管权移交之后，ICANN 从程序上得以彻底回归其自下而上、共识驱动的"多利益相关方"模式，每个不同的社群组织（支持组织和咨询委员会）的章程里都规定了各自表决达成共识的方式，有不同的门槛，例如，支持组织提出的政策建议由董事会再做表决；赋权社群行使不同的权力也需要满足不同的门槛；而改革之后的权力分配则向赋权的社群加以倾斜，后者有监督和否决董事会决定、批准基本章程修改以及发起社群独立审核程序等多项重大权力。

遗憾的是，针对第二类的安全风险，目前并不存在一个全球性的国际协调和应对机制。虽然很多国家都成立了本国的"互联网应急事件响应组"（CERT），专门处理计算机网络安全问题，例如漏洞威胁、恶意安全代码、数据泄露等，也出现了一些地区性的国际合作机制，例如，2013 年以来，中国、日本和韩国之间的国家互联网应急中心每年召开一次年会，建立了三方 7 × 24 小时的热线机制，就网络安全事件的应对进行密切协作，成功处置多起涉及中、日、韩的黑客攻击事件及其他重大网络安全事件，遏制了危机的蔓延；其他一些地区（如美国和俄罗斯之间）也在积极开展与互联网应急事件响应组织之间的合作活动。[1] 但就如勒索病毒这样全球性的安全威胁而言，各个国家或地区与互联网应急事件响应组之间的国际合作机制仍然十分有限。

---

① 国家互联网应急中心："第四届中日韩互联网应急年会在中国召开"，2016 年 9 月 19 日，http：//www. cert. org. cn/publish/main/12/2016/20160919162812091883339/20160919162812091883339_. html。

（二）社会公共政策层面

网络空间社会公共政策的核心内容是如何保障网络空间中互联网用户的人权。中国《国家网络空间安全战略》在提到建设有序网络空间的战略目标时表示，"公众在网络空间的知情权、参与权、表达权、监督权等合法权益得到充分保障，网络空间个人隐私获得有效保护，人权受到充分尊重"。[①] 具体而言，网络空间社会公共政策应遵循三项重要原则：一是自由原则，即网络空间信息的自由流动、公民自由接入互联网以及互联网用户的言论自由；二是开放原则，即网络空间应保持开放的属性和开放的政策；三是保护原则，即网络空间的个人信息和隐私同样受到法律的保护。

围绕上述原则和目标，主要存在两类冲突：一是以政府行为体为主导的国际社会与盗窃个人信息和隐私之间的不法组织或个人之间的博弈；二是互联网企业与政府之间的利益较量。政府行为体作为政策的制定者，对维护网络空间的社会秩序以及国家安全负有主要责任；作为互联网产业向前发展的主导力量，企业的战略考量主要基于维护企业的利益和价值观；黑客组织或个人依凭网络空间所赋予的不对称性权力，试图谋取私利。目前，很多国家的政府都在制定和规范本国的个人信息保护和数据安全政策，以规范不同行为体的行为。网络空间是一个新生事物，到目前为止，这些政策和规范仍然只停留在国家和地区层面，并且面临着诸多的未解难题，特别是直接掌控互联网信息流动的互联网企业的权利与责任边界。

美国政府与苹果和微软两大互联网巨头之间的博弈凸显了互联

[①] 《国家网络空间安全战略》，中国网信网，2016 年 12 月 27 日，http：//www.cac.gov.cn/2016/12/27/c_1120195926.htm。

网企业与政府之间的利益冲突。这里举两个案例：2016 年 2 月，FBI 对苹果施压，要求其执行联邦法院的法庭指令，专门为其开发一套"政府系统"，帮助其破解一名恐怖分子的苹果手机密码，但遭到了苹果公司的反对。苹果公司总裁库克声称，苹果公司必须要保护用户的信息，"我们是隐私权的坚定拥护者，我们之所以做这些事情，因为它们都是对的"①；脸书、谷歌、亚马逊、推特、微软等知名互联网公司纷纷表态支持苹果公司的做法。还有一个案例是 2013 年美国纽约南区联邦地区法院助理法官詹姆斯·弗朗西斯（James C. Francis）签发搜查令，要求微软公司协助一起毒品案件的调查，将一名微软用户的电子邮件内容和其他账户信息提交给美国政府，但却遭到微软的拒绝。2016 年 6 月，美国联邦第二巡回上诉法院判决认定，法院的搜查令不具域外效力，要获取境外数据，应通过双边司法协助条约解决。②

从上述案例可以看出，如何在公民权益与国家安全中寻求平衡目前是一个无解的僵局，对一个国家如此，对国际社会更是如此。在国际层面，就上述问题的讨论还刚刚展开，在很多国际机制中都设有相关的议题，但其中较有影响力的当属联合国框架下的信息社会世界峰会和互联网治理论坛。

2003 年信息社会世界峰会的召开真正将"多利益相关方"模式置于全球的视野之下，而作为信息社会世界峰会的延续，互联网治理论坛成为全球利益相关方的大聚会，专门讨论国际互联网治理相关问题。目前，互联网治理论坛的与会人数大约在 1500 人左右，分别来自 100 多个国家和地区的政府机构、研究机构、企业和非政府组织。2006 年，互联网治理论坛成立了多利益相关方顾问组

---

① "Apple CEO Tim Cook on FBI, Security, Privacy: Transcript," *Time*, March 17, 2016.

② "Microsoft Wins Appeal on Overseas Data Searches," *The New York Times*, July 14, 2016.

（MAG），旨在协助联合国秘书长筹备互联网治理论坛会议。多利益相关方顾问组包含约 50 名成员，来自各国政府、私营部门、国际组织、公民社群和学术团体。多利益相关方顾问组在每年互联网治理论坛大会之前召开一至两次会议，在互联网治理论坛秘书处协助下，讨论确定互联网治理论坛会议的大会主题和分议题。任何组织和个人均可以参加开放磋商会议，并就互联网治理论坛筹备事项发表意见和建议。

近年来，互联网治理论坛的会议议题出现了明显的泛化趋势。从 2013 年开始，互联网治理论坛的议题不再局限于技术和公共政策层面，而是将安全、人权、部门间合作等议题都纳入进来，并日渐固化为六个大的议题："互联网治理促进发展""新兴问题""管理互联网关键资源""安全、开放与隐私""接入和多样性"和"评估与展望"。无论是围绕哪个主题，互联网治理论坛会议更多关注的还是发展问题、人权、透明度、包容性，特别是弱势和边缘群里的状况。在上述议题框架下，所有的利益相关方都可以据此申请举办某个分议题的研讨会，由多利益相关方顾问组审核通过。由于互联网治理论坛的讨论过于宽泛，因而很难出台具有约束力的政策或决议，通常只是由东道主国家高级代表作为互联网治理论坛大会的主席发表主席报告并对会议进行总结。

信息社会世界峰会和互联网治理论坛均是在联合国支持下成立的国际机制，前者是讨论互联网与社会发展问题的重要全球机制，后者则是探讨互联网治理社会公共政策问题的重要全球性平台。在联合国的背景下，同样是采取多利益相关方的组织模式，它们提升了政府主体的角色，认为包含政府主体、私营机构、公民社会等不同的行为体在治理实践中享有平等的地位；从另一个角度看，这也意味着政府不得不在这个论坛上放弃它们的特权与专有地位。但是，随着治理主体的多元化和异质化，多利益相关方的制度框架也使得行为体之间的矛盾和冲突更加复杂，不仅存在不同类型行为体之间的矛盾，而且引入了国家之间的竞争和冲突。例如，以巴西为首的发展中国家将互联网治理论坛看作某种政府间框架协议的准备和发展过程，最终目标是建立网络空间"全球适用的公共政策原则"，将网络空间纳入传统的政府间组织框架；美国为首的发达国家则认为论坛的使命是一个集中信息和各方观点并进行对话的"场所"，它不应该进入到实质性的政策制定流程中去。围绕议程的设置、顾问组和秘书处的代表权问题以及治理的根本原则等问题，两大派系之间的政治斗争和博弈愈演愈烈，始终未能找到有效的解决途径。

正是由于议题的泛化以及主体的多元化，社会公共政策领域的多利益相关方制度安排仅仅停留在对话层面，很难达成解决冲突的具体行动。尽管如此，相比较伦敦进程等其他全球对话机制，考虑到联合国的成员规模以及工作程序，联合国的机制可能是低效的，但无疑也最具合法性，有助于在社会公共政策领域达成某些一致性的共识，即使是不具约束力的一般性原则。联合国第三个信息安全政府专家组的"成果文件"第 21 条也表示，各国在努力处理信通技术安全问题的同时，必须尊重《世界人权宣言》和其他国际文书所载的人权和基本自由。[1] 中国外交部在《网络空间国际合作战略》在"行动计划"中表示，"支持联合国大会及人权理事会有关隐私权保护问题的讨论，推动网络空间确立个人隐私保护原则。"[2]

(三) 经济和国家安全层面

在经济和国家安全层面，与网络空间有关的冲突主要体现在网

---

[1] 联合国大会：《从国际安全的角度来看信息和电信领域的发展》，A/68/98，2013 年 6 月 24 日。

[2] 中国外交部、中国国家互联网信息办公室：《网络空间国际合作战略》，2017 年。

络议题对传统国际规则的冲击。在经贸领域，国际社会面临的挑战是如何实现数字经济的效益最大化，其中既涉及到电子商务等传统的贸易议题，也涵盖了跨境数据流动、数字产品贸易、计算设施本地化等与网络空间治理直接相关的"新议题"。在安全领域，网络空间对国家安全带来了诸多新的挑战，例如网络犯罪、黑客攻击、网络恐怖主义、网络战等，这其中既关乎到高级政治领域的领土安全和政权稳定，也涉及经济安全等非传统安全议题。之所以将这两个层面归于一类，是因为这些冲突都是要通过政府间谈判制定规则来解决的，这与技术和社会公共政策层面的冲突解决路径完全不同。

目前，数字经济已经被纳入许多国家的发展战略，与网络有关的国际经贸规则谈判或对话在双边、区域和全球等多层面的国际机制中展开。在双边层面，美欧《跨大西洋贸易与投资伙伴协定》（TTIP）正在讨论包括跨境数据流动在内的数字贸易相关议题①；在区域层面，《跨太平洋伙伴关系协定》（TPP）虽然目前走向不明，但在美国主导下制定的一套系统性的与互联网相关的国际经贸规则主张，即"数字24条"②，很可能成为未来数字经济规则制定的蓝本；另一方面，由我国与东盟国家共同倡导的《区域全面经济伙伴关系协定》（RCEP）也启动了电子商务的谈判，涉及跨境数据流动、禁止计算设施本地化、数字产品非歧视待遇、禁止强制披露源代码等重要议题。2016年G20杭州峰会也发表了《二十国集团数字经济发展与合作倡议》，着眼于为发展数字经济和应对数字鸿沟创造更有

---

① "US – EU Joint Report on TTIP Progress to Date," Jan. 17, 2017, http：//101. 96. 8. 165/trade. ec. europa. eu/doclib/docs/2017/january/tradoc_155242. pdf. 目前泄露出的与互联网议题相关的TTIP谈判文本只有"电信"章节，"电子商务"章节文本并未泄露，但根据欧盟公布的TTIP电子商务章节提案来看，由欧盟提出的议题数量十分有限，内容仅涉及电子产品免关税、电子服务免授权、承认电子合同等比较传统的电子商务议题，参见 http：//trade. ec. europa. eu/doclib/docs/2015/july/tradoc_153669. pdf. 据此可推测，其他议题应均由美国提出。

② 包含了跨境数据流动、计算设施本地化、个人信息保护、网络商业窃密等多项网络空间治理的重要议题。

利条件，涉及网络准入、信息流动、隐私和个人数据保护、信通技术领域投资、电子商务合作、知识产权保护等内容，但倡议侧重提出原则，而非设定规则。① 在全球层面，在世界贸易组织框架下，美国和欧盟在 2012 年联合 21 个 WTO 成员国发起了《服务贸易协定》（TISA）谈判；② 2016 年 7 月，美国和欧盟分别向 WTO 总理事会提交了关于电子商务的非立场文件，希望在 2017 年底召开的第 11 届部长级会议上启动电子商务多边贸易规则的谈判。

围绕上述议题的国际经贸规则制定，主要存在三个层面的博弈：（1）网络空间治理与传统国际经贸规则制定逻辑之间的冲突。前者强调的是多利益相关方共同参与的治理模式，后者则是以政府为规则的谈判和义务主体，通过政府间的"秘密"谈判来达成经贸协定。新议题与传统架构的融合使得数字经济规则的规范目标不仅是推动数字经济发展，同时仍需兼顾消费者权益以及国家利益与公共利益之间的均衡。（2）国家行为体之间围绕新、旧议题的利益冲突。欧美等发达国家主张在国际经贸规则的谈判中增加与传统货物贸易并无直接联系的"新议题"，以便填补规则空白的真空；以中国为代表的新兴经济体则由于难以把握规则制定的主动权而更倾向于在传统贸易方面发挥自身的优势。就目前的走势来看，新议题进入国际经贸规则的谈判恐难以回避。（3）政府与私营部门之间在规则制定透明度和参与权限方面的冲突。按照传统国际经贸规则的制定逻辑，以私营部门为代表的其他利益相关方获取信息和参与谈判的程度非常有限。互联网业界则认为，这与网络空间国际治理主张的多利益相关方治理模式存在严重脱节，是在"用 20 世纪的贸易协定谈判方

---

① 《二十国集团领导人杭州峰会公报》，人民网，2016 年 9 月 5 日。

② 中国未参加。

式为 21 世纪制定高标准规则"①。

网络安全领域的冲突同样存在于国家与国家以及国家与非国家行为体之间，前者如日益加剧的军备竞赛和网络战，后者如黑客攻击、网络犯罪、网络恐怖主义等，而 2017 年 5 月席卷全球的"勒索"病毒事件既是非国家行为体对国家安全发起的攻击，也涉及到国家行为体如何管控自身的网络武器以避免网络武器的扩散。具体而言，网络空间的安全威胁主要集中在关键信息基础设施的保护、网络军控、信息战等，因而，国际合作的目标应是达成具有约束力或一致同意遵守的国际行为规范或者信任和安全建立措施，以缓解网络空间的安全困境，维护网络空间的战略稳定。

目前，国际社会对网络空间国际安全架构的构建仍处于初步的探索阶段，有关网络安全问题的合作与对话在全球（联合国）、区域（北约、欧盟、上海合作组织）以及双边机制等多层次同时展开。与经济领域不同，与网络空间有关的军事安全议题直接关系到国家的军事安全，因而在不同的层次上表现出不同的博弈态势：在联合国这样的全球机制中直接表现为发达国家与发展中国家之间的利益碰撞，例如，2017 年 6 月，联合国信息安全政府专家组就网络空间安全行为规范的谈判因发达国家与发展中国家的立场难以协调而暂告失败；在北约、上海合作组织这样的区域组织中则表现为协调立场，实现共同防御和寻求集体安全；在双边层面上，对话机制的建立主要集中在彼此关切的领域，有较强的针对性和局限性，例如，2015 年 12 月，中美建立了打击网络犯罪及相关事项高级别联合对话机制，达成《中美打击网络犯罪及相关事项指导原则》并同意建立打击网络犯罪及相关事项的热线。

---

① http://www.intgovforum.org/multilingual/content/igf-2016-day-3-main-hall-trade-agreements-and-the-internet.

从规则制定的角度来看，目前最为重要的国际机制是联合国大会第一委员会的工作，而最值得关注的机制则是北约。从2004年联合国大会成立第一个政府专家组（GGE）开始，国际社会就在商讨缔结一项网络安全行为规范的国际条约的可能性；2015年7月，联合国大会第四个政府专家组向大会提交报告，汇报了专家组所取得的重大进展，提出了11项自愿的、非约束性国家负责任行为规范、规则或原则建议，建议各国以自愿的方式在政策技术、多边协商机制、区域合作、关键基础设施保护四个层面采取进一步建立信任措施，并在国际法如何适用网络空间的问题上最终达成了妥协。① 相比联合国政府间谈判的多重博弈，北约卓越合作网络防御中心邀请成员国19名学者编纂推出的《可适用于网络战的国际法的塔林手册》凸显了美欧等西方国家的利益诉求；2017年2月，北约再次推出了《可适用于网络行动的国际法的塔林手册》，实现了战争时期与和平时期网络空间国际规则的全覆盖。这份手册虽然不是北约的官方文件，但它却是世界上第一份公开出版的、系统化的有关网络战的规范指南，它对网络攻击、网络战的行为标准等关键概念进行了界定，明确了政府的义务和责任，被一些西方媒体誉为网络战领域的"国际法公约"。②

结合上述三个层面的分析，我们可以看到网络空间的国际秩序在不同层次上的进展态势有较大的差异。在技术层面，已经形成了相对稳定的全球秩序，当前的制度安排能够有效管理和应对不同社群之间的冲突，基本形成了私营部门主导下的国际秩序，但在全球层面仍缺乏有效的应对暴力冲突的国际机制；在社会公共政策层面，

---

① 2017年6月，第五个联合国信息安全政府专家组未能如期提交报告，这也反映出一旦进入深水区，国家之间的利益冲突将会越发难以调和。

② Michael N Schmitt, "Tallinn Manual on International Law Applicable to Cyber Warfare," Cambridge：Cambridge University Press，2013，pp. 29 – 30.

演进的方向是达成由多方行为体共同主导的国际秩序，但考虑到冲突的解决在很大程度上受到一国国内政治的限制，要形成统一的国际规范还有相当的难度，因而下一步的目标还是在现有的制度框架下达成一般性原则的国际规范；在经济和安全领域，依托传统的政府间国际机制，如何达成有效应对各种暴力冲突的国际规范目前仍在博弈之中，而其发展的趋势仍然是建立由政府主导的国际秩序。

四、网络空间国际秩序的要素分析

国际秩序可以分解为三个构成要素：首先是行为标准的国际规范；其次要有指导国际规范制定的主流价值观；最后是约束国家遵守国际规范的制度安排。[①] 网络空间是一个新兴的领域，目前正处于国际秩序建立的形成时期，在某些领域固然有一些适用的国际法规范，但就整个网络空间的安全和稳定而言，国际规范仍然是一片空白；制度安排已经基本就绪，但就选择哪一个机制作为规范制定的场所，仍然没有尘埃落定；唯有关于主导价值观的争论已经初见端倪，基本达成了国际共识。据此，未来网络空间国际秩序的形成主要表现为价值观、制度平台的选择以及规则制定的博弈，而秩序形成背后的作用机制则取决于国家之间，特别是国家与非国家行为体之间的力量博弈。

（一）价值观的冲突

互联网的发展离不开欧美等发达国家技术专家的发明创造，他

---

① 阎学通：《无序体系中的国际秩序》，《国际政治科学》2016 年第 1 期，第 14 页。

们在技术上贡献智慧的同时，也将西方文化中自由、开放、民主的价值观注入其中，互联网在全球普及的过程中，他们支持网络空间的全球化和自由化，呼吁实现网络空间的自治，反对政府的权力干预，认为公民社会将取代国家，人类社会将进入全新的网络社会。[1]例如，互联网工程任务组作为早期的互联网治理机构，其奉行的信条是"我们反对总统、国王和投票；我们相信协商一致和运行的代码"；掌管全球互联网关键基础资源的 ICANN 也坚持了私营部门主导的治理模式，将政府排除在决策主体之外；其他如万维网联网、区域互联网地址注册机构、互联网协会等早期互联网技术治理机构无不遵循了由私营部门掌控规则制定权的"多利益相关方"路径。基于互联网早期发展相对独立于国家的现实，特别是人们对网络空间作为一个"无边界性"的全球空间的认知，1996 年，美国网络活动家约翰·巴洛发表了《网络空间独立宣言》，声称网络空间是一个与外空和公海相似的"全球公域"，将网络空间治理的"去主权化"观念推向高潮。[2]

然而，随着信息技术逐渐深入到国家政治、经济和社会生活的方方面面，网络空间逐渐与现实空间紧密融合，主权国家作为现实空间中国际社会的基本行为体，势必会进入网络空间并成为网络空间规则制定的重要行为体。特别是网络空间如今已经是一个多领域、多层次的空间，不同领域之间的议题相互交叉融合，即使是技术层面的规则制定，也很难完全将政府排除在"利益相关方"之外。集体主义与民族主义的价值观与全球性、自由化的价值观形成了激烈的碰撞，权力与自由的交锋突出表现为国家在网络空间治理中的角色。弥尔顿·穆勒认为，传统的"左派"与"右派"分野已经无法

---

① David Johnson and David Post, "Law and Borders: The Rise of Law in Cyberspace," *Stanford Law Review*, Vol. 48, No. 5, May 1996, pp. 1368 – 1378.

② Lawrence Lessig, *Code and Other Laws of Cyberspace*, New York: Basic Books, 1999, p. 13.

简单区分网络空间治理的政治派系，那么以国家－跨国为横轴、网络化－科层制为纵轴，至少存在网络化国家主义、虚拟世界反动派、非国家化自由主义以及全球政府治理四种政治光谱。[①]

除了政府的角色之外，价值观的冲突还体现在治理模式的选择上，特别是围绕"多利益相关方"的争论。在网络空间治理进程中，"多利益相关方"的治理实践主要包含了如下核心要素：多方共同参与、由下至上、共识驱动。作为一种治理路径，"多利益相关方"的核心价值观是不同行为体在平等的基础上共同参与治理，这与传统意义上政府主导、存在中央权威、由上至下的"多边主义"模式形成了鲜明的对比。"多边主义"更突出政府行为体在各利益相关方中的主导地位，它虽然不排斥其他利益相关方的参与，但是其前提仍然是在政府主导之下的多利益相关方的共同参与，因此在决策中表现更多的是政府自上而下的权威等级式管理，政府作为各利益方的代表发布相关政令、制定相关政策；"多利益相关方"则更强调私营部门、政府、国际组织、公民社会、学术机构等不同利益相关方之间的平等协作，是一种自下而上的、包容性的、网络化的组织和决策模式，与互联网本身的网络化特征相契合。

其实，所谓的两种模式之争并没有意义，因为在普遍意义上，"多利益相关方"是一种路径或方法（approach），而"多边主义"则是一种具体的实践模式，两者之间并没有可比性。在实践中，不同实践模式各有优劣，选择哪一种治理模式，关键在于特定的议题上，哪一种治理模式更为有效。正如劳拉·德纳迪斯（Laura DeNardis）所说："一个诸如'谁应该控制互联网，联合国或者什么其他的组织'的问题没多大意义；合适的问题应该触及到在每个特

---

① ［美］弥尔顿·穆勒：《网络与国家：互联网治理的全球政治学》，周程、鲁锐、夏雪、郑凯伦译，上海：上海交通大学出版社，2015年版。

定的背景下，什么是最有效的治理方式。"① 2015 年 12 月，联合国
在"信息社会世界峰会成果落实十年审查进程高级别会议"的官方
文件中承认了两种模式的共存价值，它指出："我们再度重申坚持
WSIS 自启动以来所坚持的多利益相关方合作与参与的原则和价值
观……我们认同政府在与国家安全有关的网络安全事务中的主导作
用，同时我们进一步确认所有利益相关方在各自不同的角色以及责
任中所发挥的重要作用和贡献。"②

　　基于网络空间的虚拟和现实双重属性，价值观的碰撞必然会实
现新旧两种模式在某种程度上的融合，而不是"东风压倒西风"的
局面。一方面，我们需要互联网在全球层面的开放和互联互通，至
少在基础设施和关键资源领域，这是互联网得以在全球有效运转的
基本保障；另一方面，在网络内容监管、网络安全等政策制定层面，
国家的权威仍然不可或缺。但是，考虑到"安全"概念内涵和外延
的扩大趋势，非传统安全的重要性日益上升，再加上各国的国情不
同，对于安全利益的优先排序也有较大的差异，不同政府对于应发
挥主权权威的网络安全情景也必然有不同的界定。因此，两种价值
观的碰撞还会持续，它一方面具有对立性，表现为有关网络主权的
行使边界和行使方式的争论，但更重要的是它所具有的统一性，价
值观的融合终将推动一种不同于传统国际秩序的新秩序的建立。

（二）制度平台的选择

　　从表面上看，网络空间治理的国际机制呈现出一种松散无序的

---

① Laura Denardis, *Global War on Internet Governance*, Yale University Press, 2014, p. 226.
② The UN General Assembly, "Outcome Document of the High - Level Meeting of the General Assembly on the Overall Review of the Implementation of WSIS Outcomes," A/70/L. 33, December 13, 2015.

状态，如约瑟夫·奈所说："机制复合体就是由若干机制松散配对而成的，从正式机制化的光谱来看，一个机制复合体的一端是单一的法律工具，而另一端则是碎片化的各种安排；它混合了规范、机制和程序，其中有的很大，有的则相对较小，有的相当正式，有的则非常不正式。"[①] 但是，如果对网络空间国际治理机制进行分层考察，就可以发现网络空间国际治理机制同样有其内在的逻辑。

网络空间的国际治理是由技术层面发端，随后逐渐向公共政策、经济和安全领域扩展，由议题的性质所决定呈现出的制度安排在相同层次上具有共性，而在不同层次之间则存在明显的继承关系。在技术层面，以互联网工程任务组、互联网名称与数字地址分配机构、I*为代表的国际机制均属于技术社群主导的非政府机构，采用的是由下至上、共识为基础的"多利益相关方"模式，治理的目标是制定行业标准或维护互联网基础设施，从而确保互联网的安全、有效运行，结果是产生具有约束力的集体行动。这种机制的特点是：一方面，由于确定了私营部门的主导地位，在技术层面更利于快速做出决策，避免了政府间博弈带来的冲突和低效率；但另一方面，由于排除了政府的主导权，这也从客观上限定了互联网名称与数字地址分配机构的使命只能局限在标识符系统的管理，对其他公共政策领域的影响力将会非常有限。

在公共政策层面，互联网治理论坛、信息社会世界峰会为代表的国际机制大多归属于论坛或者会议等机制化水平较低的形式，虽然采用了包括政府在内的"多利益相关方"治理模式，但是至今未能产生有约束力的集体行动。究其原因，这也是公共政策议题本身的性质所决定的。互联网领域的公共政策涉及技术、内容、网站管

---

① 约瑟夫·奈：《机制复合体与全球网络活动治理》，《汕头大学学报网络空间研究》2016年第 4 期，第 87－96 页。

理、政治、人权、宗教等多个领域，其内涵和外延都具有无限延伸的属性，而由于国情不同，每个国家对于公共政策的制定必然有不同的立场和出发点，除了一般性的原则之外，很难在国际范围内达成一致的公共政策。此外，从组织模式来看，"多利益相关方"模式的弱点同样源于其分布式的网络化模式，它很难在需要资源高度集中的领域产生高效的集体行动。

在经贸和安全领域，传统的政府间治理机制，例如世界贸易组织、联合国、二十国集团占据了主导地位，其治理模式仍然是通过政府间谈判和合作的方式达成共识或者具有约束力的国际规则。然而，作为新生事物，传统国际机制中的网络议题的国际规则仍然处于规则制定的早期阶段，国家间的利益冲突和博弈意味着规则的制定将需要一个较长的时间。考虑到利益的复杂性，在这个传统机制仍然占主导的层面上，小多边（诸边）区域机制和双边机制要比全球机制例如联合国更易于达成集体行动，这一方面是因为区域成员由于地缘相邻和区域内经济合作机制共享更多的利益关切，另一方面也是因为成员国数目较少，利益冲突更易于得到缓和，利益博弈的难度相对较低。

与其他领域相比，网络空间国际治理机制对传统全球治理机制的最大冲击在于它催生了新的治理机构。这些集中于技术和社会公共政策的治理机制——互联网工程任务组、区域互联网地址注册机构、互联网名称和数字地址分配机构和互联网治理论坛这样的机构——将治理的决策权置于跨国的、非政府的相关行为体手中，"它们从民族国家的外部出现，提供了新的制定有关互联网标准与关键资源的重要决策的权威场所；新兴的合作、讨论以及组织纷纷出现，使凭借新型的跨国政策网络以及凭借新型治理形式来解决互联网治理问题成为可能。"① 更重要的是，这些新兴的治理机构凭借其特有的价值观和制度安排，正在逐渐对传统的治理机构带来冲击和挑战，促使传统的机构做出适当的调整和改变以适应网络空间治理多元化、跨领域的复杂现实。

从国际规范制定的角度来看，上述制度安排却存在集体行动效率不一的问题。在技术层面，互联网工程任务组能够迅速高效的达成集体行动，拿出有效的技术解决方案，互联网名称和数字地址分配机构也能够依靠自身政策制定流程在域名和地址分配领域确保竞争与开放；在经贸和安全层面，政府间的博弈常常导致联合国大会的谈判进程一波三折，但是其目标仍是达成具有约束力的规则；只有在公共政策领域，由于议题的复杂多元化，互联网治理论坛等论坛机制常常被诟病为"毫无意义的闲聊场所"②。围绕议程的设置、顾问组和秘书处的代表权问题以及治理的根本原则等问题，互联网治理论坛始终未能找到有效的解决途径。2008 年 3 月，国际电信联盟秘书长在 ICANN 的一次会议中，明确表示互联网治理论坛是"浪费时间"。③

然而，一个机制的重要性与否并不能仅仅寄托于其达成集体行动。如果将规范产生的生命周期划分为规范出现（norm emergence）、规范梯级化（norm cascade）和规范内部化（internalization）三个阶段④，那么网络空间治理的进程仍然处于提出规范的第一阶段。网络空间规则的产生通常有赖于两个条件：一是规范推动者的宣传和劝

---

① ［美］弥尔顿·穆勒：《网络与国家：互联网治理的全球政治学》，周程、鲁锐、夏雪、郑凯伦译，上海交通大学出版社，2015 年版，第 5 - 6 页。

② Zittrain, *The Future of the Internet: And How to Stop it*, New Haven, CT: Yale University Press, 2008, p. 43.

③ "China Threatens to Leave IGF," *Internet Governance Project Blog*, December 5, 2008, http: //blog. internetgovernance. org/blog/_archives/2008/12/5/4008174. html.

④ Martha Finnemore and Kathryn Sikkink, "International Norm Dynamics and Political Change," *International Organization*, Vol. 52, No. 4, 1998, pp. 887 - 917.

说；二是规范推动者劝说行为的制度平台。从这个意义上说，作为一个以最具代表性的国际组织为依托的专门机构，互联网治理论坛作为一个具有广泛代表性的全球平台，即使很难达成集体行动，但它可以成为一个容纳广泛争论和利益冲突的宣传和劝说的重要平台，其存在的意义更多体现在对话而不是行动。

由此可见，在网络空间国际治理机制的复合体中，并非所有的制度安排都具有产生国际规范的能力。新兴的治理机构在制定全球技术标准方面发挥了绝对的主导作用，但在政策层面，它的扁平化结构无疑降低了产生集体行动的效率，因而在社会公共政策领域，新兴的制度安排可能更有助于实现多利益相关方之间的信息交流和沟通，但却很难成为国际规范制定和执行的场所；在经贸和安全领域，传统的主权国家间的制度安排更有可能达成国际规范，但不同机制的效率也有不同，例如联合国机构固然更具代表性和合法性，但也同样降低了它的工作效率；相比之下，区域性机制和双边机制可能代表性不够，但达成国际规范的可能性却更大。当然，这并不是渲染传统的国际机制与新兴机制的对立，而是应根据议题的性质，寻求两种机制之间的平衡。

（三）行为体之间的博弈

无论是价值观的冲突还是制度安排的选择，其背后发挥作用的仍然是网络空间不同行为体之间的互动。网络空间中的行为体除了传统的国家行为体之外，还包括私营部门、非政府组织、个人用户等非国家行为体。与其他领域不同，网络空间多层次、多元化的冲突与风险的复杂特性决定了不同行为体都应在网络空间扮演好自身的角色，需要行为体之间的相互协作。然而，由于利益诉求的不同，网络空间国际秩序的建立不仅体现在国家之间力量博弈，而且表现为国家与非国家行为体之间的权力争夺。在网络空间，非国家行为体的权力和力量相对上升构成了对传统上由国家主导国际秩序的重要挑战，这是网络空间区别于现实空间国际秩序的最大亮点。具体而言，它具有以下三点特征：

第一，私营部门对关键基础资源的掌控以及对国际规则制定的发言权上升。如前所述，全球互联网技术层面的标准和规范制定均有赖于私营部门主导的非盈利性、非政府机构，这些机构在互联网关键基础资源领域牢牢掌控着国际规范的制定权，将政府排除在外。近两年来，随着网络空间向各领域的逐渐延伸，这些私营机构并没有简单止步于技术领域的话语权，而是试图在国际规则层面发挥更大的作用。

2016 年 6 月，微软公司发布报告《从口头到行动：推动网络安全规范进程》，提出可依据间谍情报技术、攻击手法、攻击目标及专门知识来开展技术溯源，同时配合以信号情报、人力情报、测量与特征情报，甚至可以渗透攻击者系统寻找证据；2017 年 2 月，微软总裁布拉德·史密斯在美国召开的全球信息安全产业（RSA）大会上，呼吁制定全球《数字日内瓦公约》，保障网民和公司不受政府在网络空间中行动的伤害；其目标是希望政府在开展相关网络行动时，不要伤害互联网企业和普通用户的利益。① 2017 年 6 月 3 日，兰德公司发布报告《没有国家的溯源——走向网络空间的国际责任》，称"现在是时候建立一个国际性的溯源机构"，建议国际社会尽快建立一个独立、可信、权威和"去政府化"的"全球网络溯源联盟"（GCAC）。这个联盟将由全球技术专家和法律、政策专家组成，依据调查启动标准、证据搜集、评估框架、可靠性标准、公开声明等

---

① 鲁传颖：《"数字日内瓦公约"，球在美国手上》，《环球时报》，2017 年 2 月 20 日。

六大国际溯源标准流程，作为联盟运作的基础。①

微软公司的倡议在网络空间引发了诸多关注，这一方面凸显了网络空间安全风险的严峻以及国际社会相关防范机制的缺失，另一方面也反映出互联网企业对于维护网络空间的安全环境有着迫切的现实需要，这两点是很多知名互联网企业积极推动建立网络空间安全秩序的重要驱动力。之所以提出"去政府化"的倡议，固然是对私营企业主导的互联网多利益相关方实践的延续，更多的则是为了维护私营机构的利益，与政府保持相对的独立性。如果微软公司建立全球网络溯源联盟的"去政府化"倡议得以实现，那么私营机构在网络空间安全秩序的建立中将再下一城。

第二，互联网技术的低门槛、匿名性和攻击性赋予了黑客组织不对称性的权力，恶意网络攻击成为国家安全面临的重大威胁。恶意网络攻击对国家安全的威胁是全方位的，常常会造成重大的经济损失，破坏关键基础设施的正常运行，引发社会动荡，甚至会关系到政局的稳定。即便是拥有强大国家机器的政府，也必须正视恶意网络攻击所带来的威胁，与黑客组织的斗争刚刚开始。

近年来，全球恶意网络攻击持续增加，危害性也日渐增大，但是由于溯源的困难，国际社会对不知源于何处的"敌人"缺乏有效的应对；而由于战略意图传递受阻，信息的交流和互动缺乏明确的路径，传统的威慑机制在网络空间受到了很大的挑战。约瑟夫·奈认为，网络威慑主要有四种途径：惩罚威胁（threat of punishment）、防御拒止（denial by defense）、利益牵连（entanglement）以及规范禁忌（normative taboos）。威慑的有效性则取决于实施过程中对威慑方式、威慑对象和具体行为三个关键因素的区分。在网络威慑的实

① RAND, "Stateless Attribution: Toward International Accountability in Cyberspace," June 2017, https://www. rand. org/pubs/research_reports/RR2081. html.

施过程中，对于国家和非国家行为体、技术先进国与落后国家、大国与小国的区分直接关系到网络威慑战略的手段和效果。① 2017 年 2 月，美国国防科学委员会发布题为《面向网络威慑的网络部队》的报告，详细研究了针对各种潜在网络攻击的威慑需求，提出了通过威慑、作战及升级控制应对网络敌人所需要的关键（网络及非网络）能力。②

值得一提的是，在政府与黑客组织的网络攻击攻防战中，非国家行为体的背后常常可以发现政府的影子。无论是 2008 年的格鲁吉亚战争中的网络战还是 2010 年伊朗核设施遭受"蠕虫"病毒攻击，都被认为有政府力量的背后支持；2017 年 5 月在全球暴发的勒索病毒造成了数十亿美元的经济损失，危及一些国家关键基础设施的安全，但这些病毒武器的肆虐却与美国政府网络武器库管理不善直接相关。一般而言，能够针对一个国家发动网络攻击的能力，并不是某个私营机构或组织的技术能力和财力可以支撑的，而一旦实现了黑客组织和某些国家力量的"勾结"，它很可能会带来更大的安全威胁。

第三，国家行为体之间的博弈仍然是网络空间建立国际秩序的主要推动力，但与其他领域相比，其利益的博弈更加多元和复杂化。在网络空间，特别是随着议题由技术向经济、安全领域的逐层扩展，政府的主导权逐渐增强，国家间的博弈与冲突也愈发突出。

在早期的互联网治理进程中，国际社会常被划分为"两大阵营"：一方是以欧美国家为代表的发达国家，它们坚持"多利益相关方"的治理模式，主张由非营利机构如 ICANN 来管理互联网；另一

① Joseph S. Nye, "Deterrence and Dissuasion in Cyberspace," *International Security*, Vol. 41, No. 3, 2017, pp. 44 - 71.

② Defense Science Board of Department of Defense, "Task Force on Cyber Deterrence," Feb. 2017, http://www.acq.osd.mil/dsb/reports/2010s/DSB - CyberDeterrenceReport_02 - 28 - 17_Final.pdf.

方是中国、俄罗斯、巴西等新兴国家，它们提倡政府主导的治理模式和"网络边界""网络主权"的概念。这种阵营的划分是基于国家间信息技术发展水平的差距和治理理念的不同，前者作为既得利益者希望维护现有的治理模式，而后者则希望打破发达国家的垄断，争取更大的话语权。这两大阵营对峙的典型事件是2012年国际电信联盟对《国际电信规则》的重新审定。①

但事实上，对于一个涵盖内容极为广泛的新兴议题而言，阵营的划分从来不会是铁板一块。特别是"斯诺登事件"发生之后，网络空间成为大国利益争夺的新领域，在利益的冲撞之下，各阵营内部均出现了离心倾向：美国和欧洲就隐私和数据保护问题各持己见；新兴经济体中巴西和印度都明确表示支持"多利益相关方"模式；另外还游离着一些处于中间地带的国家，它们一方面支持网络主权的概念，另一方面也更加重视公民社会等非国家行为体，这些国家中既有韩国、新加坡这些经济发展水平较高的国家，也有土耳其、秘鲁、阿根廷这些地区大国。不过，传统的阵营划分也并不是完全的分崩离析，在涉及军事领域网络安全的国际谈判中，发达国家与发展中国家的对立仍然可见。2017年6月，联合国框架下的政府专家组（UNGGE）宣布谈判破裂，在国际法适用于网络空间等关键问题上，美欧等发达国家与中、俄、印等新兴经济体立场相左，无法调和，导致这一届工作组未能如期向联合国大会秘书长提交报告。

可以判断，国家之间的"阵营"今后将更多是基于议题（issue - based）而不是传统意义上的意识形态。从理性的角度分析，国家间博弈的依据是各自的国家利益，而由于国情的不同以及网络空间议题的多元化，不同的利益聚合点自然会带来不同的"阵营组合"，其目标

① 巴西、俄罗斯等发展中国家希望扩大国际电信联盟在互联网治理中的权力，但美国、欧盟等55个国家以"威胁互联网的开放性"为由拒绝签署新规则，使得新规则的通过大打折扣。

是实现国家在综合国力竞争中的优势；但同时，网络空间中私营部门与政府之间在一定程度上的相互独立，甚至是利益的对立，也提示了一种新的趋势：传统思维中的国家行为体博弈可能会更多汇聚于一个广义的网络安全领域。

五、中美关系与对策建议

当今世界仍然处于信息技术革命的浪潮之中，互联网、大数据、人工智能、云技术，甚至很多我们至今未曾想象到的新技术将会不断涌现，越来越多的人和越来越广泛的政治经济生活都将被裹挟其中，网络空间的内涵和外延不断扩大，网络空间面临的安全风险和冲突也必然层出不穷。网络空间的国际治理是从技术领域起步的，随后不断向其他领域延伸；网络空间国际秩序的形成也会基本遵循这一先后顺序，依据不同层次议题的特性，逐渐由技术层向高级政治领域递进。可以预见，在未来较长的一段时期内，网络空间国际秩序的形成将会呈现一种动态的演进过程，新的行为体、国际制度和国际规范将会不断出现，或在某些领域形成新的秩序，或促使已有的国际秩序根据变化的环境做出适应性的调整和改变。

从传统的国家视角来看，国际秩序主要是由大国建立的，网络空间国际秩序的建立也同样如此，特别是中、美两个大国之间的力量博弈。中美作为当今世界最大的两个经济体，网络议题近几年在双边关系中占据了重要的位置，其合作与竞争并存的态势与两国的整体关系保持了一致。互联网的性质决定了网络空间是一个分布式的网络，没有任何一个国家或者行为体能够控制所有的网络节点和信息，这就意味着跨越国家的网络空间议题必须要通过不同国家和行为体之间的协作才能实现，垃圾邮件、网络犯罪、网络战皆是如此。但是，网络空间不可能脱离现实空间存在，它仍然处于无政府状态的国际背景之下，国家之间的竞争必然会延续至网络空间中来，其核心内容就是网络空间国际规则的制定和国际权力的再分配。

2012 年同样是中美网络关系的一个重要节点，经历了谷歌退出中国和美国起诉五名中国军官的跌宕起伏之后，网络冲突在中美关系中的重要性日趋显现，逐渐上升至首脑外交的战略层面。在主导意识形态方面，美国政府近年来大力倡导"多利益相关方"的治理模式，认为互联网治理应由私营部门主导，而政府不应参与其中；中国则认为网络空间治理需要多方的共同合作，每一个行为体都应发挥各自的作用，政府不应被排除在外。在制度安排的选择上，美国更倾向于让私营机构以及双边和区域政府间机制发挥作用，中国则更强调发挥联合国的作用。在国际规范的制定方面，美国强调应确保互联网的自由、民主和开放，"一个世界、一个互联网"，中国则强调建立"网络空间命运共同体"，建立互联互通也应确保政府在境内管辖的相关网络设施和事务的主权；在数字经济领域，美国提出了以跨境数据自由流动为核心的经贸规则，中国则更加重视维护本国的数据安全，近期更是发布了《个人信息和重要数据出境安全评估办法（征求意见稿）》；在网络安全领域，美国提出原有的相关国际法，例如武装冲突法应适用于网络空间，中国则强调《联合国宪章》的基本原则同样适用网络空间的国家行为体规范。

从近两年的走势来看，中美在全球网络空间规则制定中的合作还是取得了一定的进展。2015 年 6 月联合国政府专家组的最终框架达成，提出了 11 项自愿的、非约束性国家负责任行为规范、规则或原则建议，就进一步建立信任措施，加强关键通信技术基础设施的安全达成共识，特别是在国际法如何适用网络空间的问题上，最终达成妥协：一方面，报告强调国际法、《联合国宪章》和主权原则的重要性，指出各国拥有采取与国际法相符并得到《联合国宪章》承认措施的固有权利；另一方面，报告提到既定的国际法原则，包括人道主义原则、必要性原则、相称原则和区分原则，回应了美国等发达国家的关切。① 2015 年 12 月，联合国信息社会世界峰会的十年审查高级别会议成果文件也同时承认了"多利益相关方"和"多边主义"两者的适用条件，承认了两种模式的合法性。这两项重要的谈判成果可以看作是中美两国在网络关系极度恶化之后达成的历史性多边合作成果，为网络空间行为准则的制定奠定了一定的基础。

就双边关系而言，中美两国已经展开了多轮网络安全对话，并且建立了执法与网络安全合作双边对话机制，这是合作的一面，但竞争的一面也不能忽视。2017 年 6 月联合国政府专家组谈判破裂就充分说明中美之间的博弈还将在很长时间内持续。国际制度具有"非中性"的特征，即对具有不同优势和实力的国家而言，它所能带来的效果和影响是不同的。美国是互联网的"缔造者"，由于客观历史因素，美国（包括私营企业和非政府机构）的治理主体在各个国际治理机制中都占有明显的优势，这种优势更是凭借其当前领先的信息技术水平和大量的优秀人才而得到进一步强化，并最终转化为塑造国际规则的强大能力。对于中国这样在互联网发展中处于后来者的新兴国家，与美国相比还是有相当明显的实力差距，这也意味着中美两国在网络空间的一些核心议题上具有完全不同的利益诉求，很难在现阶段达成一致的立场。

然而，在网络空间国际秩序亟待建立的形势下，作为世界第二大经济体和在国际社会中日益发挥重要作用的大国，中国仍然面临着难得的历史机遇。近两年来，中国的网络外交表现的相当积极进取，不仅提出了缔造"网络空间命运共同体"等一系列理念、主张

---

① 联合国大会：《关于从国际安全的角度看信息和电信领域的发展政府专家组的报告》，A/70/174，2015 年 7 月 22 日。

和原则，更是主办和积极参加了世界互联网大会、联合国框架下的政府专家组、ICANN 大会等重要的国际会议，并积极推动"一带一路"、G20、金砖等多边合作框架中有关网络议题的国际对话与合作；中国积极参与国际互联网治理进程，意味着我们一方面要接受现有的治理体系，另一方面又要谋求改善和应对现有体系中于己不利的部分。

为了推动建立公正、合理的网络空间国际秩序，中国可以从以下三个方面着手：首先，在价值观层面，以实际行动配合外交理念的推广，将习近平主席提出的"尊重网络主权、维护和平安全、促进开放合作、构建良好秩序"的基本理念落到实处。结合中国的整体外交战略，中国近几年在全球治理中积极倡导"命运共同体"的理念，在网络空间也提出了建立"网络空间命运共同体"的愿景。但对于国际社会而言，外交理念需要实际行动相配合才更具说服力，例如，我国不妨针对当前国际社会面临的威胁，例如，"勒索"病毒的肆虐，倡议建立相应的国际应对机制。

其次，在制度安排层面，中国应保持开放、包容的心态，针对不同的国际制度平台进行理性、客观的评估并制定相应的对策，尽可能实现利益和效率的最大化，例如，对 I * 等技术层面的机制，我方应积极鼓励政府和私营企业相关技术部门的深度融入，在技术创新和管理上下功夫；对互联网治理论坛和信息社会世界峰会等"闲谈"机制，政府部门可以保持适度介入，采取切实举措大力支持私营部门、学术界等其他利益相关方的参与，在背后掌控大局；对传统治理机制下的网络议题，政府应加强与相关私营部门等其他相关方的信息共享、咨询和沟通，建立以政府为中心的辐射式支持模式。

最后，建立网络空间良好的国际秩序，应在积极参加网络空间国际规则制定的同时，重视国内网络空间秩序的建立，实现内外兼修。外交作为内政的延伸，中国参与网络空间国际规范的制定必然会受到国内政策和理念的影响，而网络空间国际治理的趋势和理念也会对国内政策产生倒逼效应，从而带动和影响国内秩序的建立。如此，我方应从自身着眼，加强能力建设，理顺部门关系，加强跨学科和跨领域的信息共享机制和全方面人才培养，而内外统筹的根本目的是为了服务于中国的国家利益，早日实现网络强国和"两个一百年"的奋斗目标以及中华民族伟大复兴的中国梦。

网络空间治理"联合国框架"的演进及评述

李 艳 张 明[*]

摘　要：20 世纪 90 年代以来，联合国作为互联网治理的积极推动者和多边合作平台，搭建了基本对话机制，形成了网络空间治理的"联合国框架"。虽然此框架面临着诸多挑战，但其在网络空间国际治理进程中的作用仍值得重视。本文主要从组织机构、政策决议和运行机制三个方面对其治理框架进行梳理与评述，并在此基础上，对其未来发展进行相应评估，为联合国制定更可行、更具强制力的政策提供建议，为中国参与国际网络空间治理提供参考。

关键词："联合国框架"　网络空间治理　联合国　互联网

　　20 世纪 90 年代，以互联网为代表的信息通信技术（ICT）的发展及社会应用开始成为联合国关注的国际治理新领域，相关机制建设与平台搭建伴随网络空间治理演进不断发展，形成网络空间治理的"联合国框架"（以下均以"联合国框架"代称）。一直以来，作为互联网治理的积极推动者和多边合作平台，联合国主导了系列国际多边磋商，搭建了基本对话机制并取得初步共识，但一直面临将原则性共识转化为具体行动的深层次治理实效挑战。当前，此框

---

　　* 李艳，博士，中国现代国际关系研究院科技与网络安全研究所副所长；张明，博士，副研究员，中国现代国际关系研究院国际交流部副主任。

架仍为议题主导模式，在发展、安全、人权等方向分头推进，未建立起统一领导、层次分明的治理架构。特别是随着地缘政治前所未有的影响与塑造网络空间，各主要网络大国亦在联合国平台层面展开竞争，进一步影响了联合国框架的整体合力与实效。虽然面临巨大挑战，但联合国致力于规范网络空间的意愿仍然强烈，且鉴于其在国际体系中难以替代的权威性与合法性，其在网络空间国际治理进程中的作用仍值得重视。正如 2020 年 1 月，联合国秘书长古特雷斯将数字革命列为联合国未来十年的四大威胁之一，指出"数字世界的黑暗面"：数字世界正在影响劳动力市场；仇恨言论通过数字技术在传播；人工智能带来令人震惊的可能性。[①] 面临日益严峻的互联网治理形势，联合国需要完善机制、协调立场以争取突破性进展。本文主要从组织机构、政策决议和运行机制三个方面对其治理框架进行梳理与评述，并在此基础上，对其未来发展进行相应评估。

一、联合国框架的组织机构

联合国设立有六个主要机关：联合国大会（UNGA）、安全理事会（简称安理会）、经济及社会理事会（ECOSOC，简称经社理事会）、托管理事会、秘书处和国际法院。主要机关又下设诸多职司委员会、训练研究机构、专门机构、附属机构和咨询机构等。依据不同互联网议题，治理职责被分散于不同机构。

---

① 联合国新闻部：《联合国发起可持续发展目标行动十年 秘书长就"21 世纪的四大威胁"发出警告》，https：//news. un. org/zh/story/2020/01/1049671。

（一）联合国大会

大会是一个 "世界议会"，通过举行定期会议和特别会议审议世界上最紧迫的问题。大会每年 9 月至 12 月举行常会，必要时举行续会或就特别关注的问题举行特别会议或紧急会议。大会下设六个主要委员会、附属机关和联合国秘书处。大会涉及互联网议题的相关机构如下：

联合国大会第一委员会（裁军与国际安全委员会），主要讨论网络安全问题，监管联合国信息安全政府专家组（UNGGE）和联合国信息安全开放式工作组（OEWG）。

联合国大会第二委员会（经济及金融委员会），调查互联网在联合国 2030 "可持续发展目标"（SDGs）中的作用，其监管的联合国科技促进发展委员会（UNCSTD）审查 2005 年联合国信息社会世界峰会（WSIS）突尼斯会议成果的落实情况。

联合国大会第三委员会（社会、人道主义和文化委员会），监管联合国人权理事会（UNHRC），处理人权理事会关于网络隐私、言论自由权等保护和推动工作。2014 年，人权理事会主持探讨将线下人权适用于线上的工作，起草数字时代言论自由和隐私问题的特别报告，并向联合国大会三委提交报告。

（二）安全理事会

安理会的主要责任是维护国际和平与安全。在审议威胁国际和平的问题时，安理会首先探讨和平解决争端的途径。安理会可采取措施强制执行其决定，可实行经济制裁或下令实行武器禁运。在极少数情况下，安理会将授权会员国使用包括集体军事行动在内的

"一切必要手段"来执行其决定。迄今为止，互联网治理问题，包括网络攻击，并未造成严重的现实损害，因此也较少列入安理会的讨论议程。2020 年 3 月 5 日，联合国安理会首次探讨网络攻击问题。美国、英国和爱沙尼亚提议讨论格鲁吉亚政府网站遭网络攻击问题，指责俄罗斯情报机构格鲁乌（GRU）要为此负责。但安理会并未就此通过任何决议。5 月 22 日，联合国安理会举行关于网络安全和冲突预防的视频会议。与会各国认为，应致力于建设和平、安全、稳定、遵守国际法的网络空间，推进有助于加强网络建设与管理能力的措施，促进国际合作和各国间网络安全经验交流。

（三）经济及社会理事会

经社理事会协调联合国及其系统各组织的经济和社会工作，讨论国际经济和社会问题、提出政策建议。经社理事会有 54 个成员，由大会选举产生，任期三年。经社理事会全年举行会议，每年 7 月举行一届主要会议，其中包括一次高级别的部长会议，用以讨论重大的经济、社会和人道主义问题。经社理事会的附属机构定期开会，并向经社理事会汇报情况。这些机构则重点负责社会发展、妇女地位、预防犯罪、麻醉药品和可持续发展等问题。互联网治理问题散见于如下的不同附属机构之中。

1. 预防犯罪和刑事司法委员会（CCPCJ）。设立于 1992 年，是经社理事会司职委员会之一，由 40 个会员国组成，成员任期三年。委员会制定预防犯罪和刑事司法政策，包括人口贩卖、跨国犯罪和预防恐怖主义。委员会为成员国提供一个论坛，用于交流专业知识、经验和信息，制定国家和国际战略，并确定打击犯罪的重点。2006年，预防犯罪和刑事司法委员会将毒品和犯罪问题办公室（UNODC）纳入监管（联合国大会第 61/252 号决议）。应 2010 年第二十届联合国预防犯罪和刑事司法大会会员国的要求,预防犯罪和刑事司法委员会成立了这一不限成员名额政府间专家小组("关于网络犯罪的开放性国际专家组"——IEG,我国官方称为"网络犯罪政府专家组",以下采用此说法),全面研究网络犯罪问题及相关应对方法。政府专家组秘书处设在毒品和犯罪问题办公室。2011 年 1 月,政府专家组举行第一次会议,审议对网络犯罪问题研究的范围、各种议题和方法。

2. 科学和技术促进发展委员会(UNCSTD)。成立于 1992 年,为经社理事会附属机构,每年召开一次大会。委员会就科学和技术问题向联合国大会和经社理事会提供建议,负责协助经社理事会有关信息社会世界峰会(WSIS)的后续行动。委员会监督峰会突尼斯峰会成果落实,筹办组织了两次峰会评估会议(WSIS + 10/2015、WSIS + 20/2015)。委员会曾成立两个涉及互联网治理的工作组:一个负责提升互联网治理论坛(IGF)作用(2011—2012),一个负责增强涉互联网公共议题的合作(2013—2018),工作组报告和建议通过经社理事会提交给联合国大会二委。

3. 国际电信联盟(ITU,简称国际电联)。属于经社理事会,联合国负责信息通信技术(ICT)事务的专门机构。成员包括 193 个成员国及约 900 个公司、大学和国际组织以及区域性组织成员。ITU 主要任务为制定技术标准以确保实现网络和技术的无缝互连,并向全球服务欠缺社区推广信息通信技术。2003 年、2005 年,ITU 组织了两次信息社会世界峰会。国际电联电信标准化部门(ITU – T)是国际电联的常设机构,负责研究技术、操作和资费问题,以便在世界范围内实现电信标准化。每四年一届的世界电信标准化全会(WTSA)确定 ITU – T 各研究组的课题,再由各研究组制定有关课题建议书。世界电信标准化全会出台了一系列与互联网相关的决议,如 2012 年大会第 58 号决议（鼓励建立国际计算机事件响应组）①、2016 年大会第 50 号决议（网络安全）② 等。

4. 教育、科学及文化组织（UNESCO，简称教科文组织）。属于经社理事会专门机构。2015 年 11 月，教科文组织决议（38 C/56）核准了"点点相连：未来行动选择"会议成果文件。该决议承认 ICT 对教科文组织可持续发展日益重要，该组织牵头落实在信息社会世界峰会六个方面的行动方案：获取信息与知识、远程学习、信息化科学、文化多样性与文化特性、语言多样性和本地内容、媒体以及信息社会的伦理问题。

（四）秘书处

毒品和犯罪问题办公室（UNODC）设立于联合国秘书处，被认为是联合国应对网络犯罪方面最重要机构之一，2006 年被纳入经社理事会预防犯罪和刑事司法委员会监管之下（联合国大会第 61/252 号决议）。2011 年，依据联合国大会决议，设立网络犯罪政府专家组，毒品和犯罪问题办公室专家组秘书处，负责组织研究网络犯罪问题及对策，包括就国家立法、最佳做法、技术援助和国际合作交流信息，提出新的国家和国际打击网络犯罪的法律和其他对策。③ 该办公室还组织筹备网络犯罪政府专家组会议（EGM）。2011 年 1 月 17—21 日，IEG 召开第一次专家组会议。2020 年 7 月 29 日，第六次专家组会议以视频形式召开，议题涉及网络犯罪预防措施的结果和

---

① 国际电信联盟电信标准化部门：《第 58 号决议——鼓励建立国家计算机事件响应团队，尤其是在发展中国家》，https://www.itu.int/dms_pub/itu-t/opb/res/T-RES-T.58-2016-PDF-C.pdf。

② 国际电信联盟电信标准化部门：《第 50 号决议——网络安全》，https://www.itu.int/dms_pub/itu-t/opb/res/T-RES-T.50-2016-PDF-C.pdf。

③ 联合国大会：《2010 年 12 月 21 日大会决议》，https://undocs.org/zh/A/Res/65/230。

建议，20 多个国家以及欧盟、微软代表观察团针对治理网络犯罪发言，提出加强公私营合作、制定全球性公约、加强民众尤其是儿童的预防网络犯罪教育等多项建议。

（五）联合国的关联机构

互联网治理论坛（IGF）。2005 年，成立于信息社会世界峰会的突尼斯峰会，联合国组织创建但不属于联合国体系，不列入联合国预算，充当政府与非政府攸关方的讨论平台。IGF 是各利益相关方就互联网相关公共政策展开平等对话的论坛。联合国秘书长古特雷斯称 IGF 应该被加强，使其成为探讨数字政策的中心。联合国秘书长每年任命"多利益相关方咨询小组"（MAG）主席，MAG 全年举行会议，审查 IGF 进展并规划年度会议。2019 年 11 月 25—29 日，第 14 届 IGF 年会在德国柏林举行。

联合国秘书长数字合作高级别小组（HLP）。2018 年 7 月 12 日，联合国秘书长古特雷斯设立，小组在纽约和日内瓦设有由一个靠捐助方自愿供资的小型秘书处，比尔、梅琳达·盖茨基金会梅林达·盖茨及阿里巴巴集团执行主席马云为联合主席。现有 20 名秘书长邀请的成员，来自政府、企业、民间组织和学术界，均以个人身份任职，不代表所任职机构。小组旨在加强各国政府、私营部门、民间社会、国际组织、技术和学术界以及其他相关利益攸关方在数字空间的合作。2019 年 6 月 10 日，小组发布名为《数字互助时代》的首份报告，呼吁建设更包容的未来数字经济与社会，使数字技术收益最大化，并最大限度减少其危害。

表1 联合国涉互联网治理的机构及职责

	联合国大会					安理会	经社理事会				秘书处	国际法院	托管理事会
机构	裁军与国际安全委员会	经济及金融委员会	社会、人道主义和文化委员会	区域间犯罪和司法研究所	裁军研究所		科技发展委员会	预防犯罪和刑事司法委员会	教科文组织	国际电联	毒品和犯罪问题办公室	无	无
	信息安全政府专家组（UNGGE）	开放式工作组（OEWG）	人权理事会					毒品和犯罪问题办公室		电信标准化部门	网络犯罪政府专家组秘书处	无	无
职责	国际安全视角下的信息通信技术发展：国际规则、能力建设、国际法适用	互联网人权、数据隐私	网络犯罪研究	向UNGGE和OEWG提供咨询、网络稳定研究			监督WSIS突尼斯峰会成果落实	网络犯罪国家法、最佳法、技术援助和国际合作		电信标准化/举办世界电信标准化全会	网络犯罪政府专家组的相关报告起草/大会筹办	无	无

二、联合国互联网治理的政策环境

联合国大会及附属机构，就信息社会、网络安全等议题，出台了一系列决议、标准、规划等文件，构成联合国互联网治理的法律和制度环境。大体上，政策可归为发展和安全两大类。仅就安全而言，还可以细分为网络军事、网络恐怖主义、网络犯罪等。卡内基和平基金会网络政策项目联席主任蒂姆·毛瑞尔（Tim Maurer）认为，联合国网络安全谈判分两个派别：关注网络战争的政治—军事派别，关注网络犯罪的经济派别。[①]

（一）网络发展政策

联合国一贯重视信息通信技术（ICT）发展带来的经济和社会影响，并出台一系列推动 ICT 发展的技术标准、目标蓝图和实施计划。2003 年 12 月 12 日，联合国在日内瓦举行第一次"信息社会世界高峰会议（WSIS）"，通过了题为《建设信息社会：新千年的全球性挑战》的《原则宣言》[②] 及《行动计划》[③]，为信息社会建设奠定了基础。2005 年 11 月，在突尼斯召开了第二次峰会，通过《突尼斯承诺》（WSIS – 05/TUNIS/DOC/7 号文件）[④]、《突尼斯信息

---

① 蒂姆·毛瑞尔：《联合国网络规范的出现：联合国网络安全活动分析》，曲甜、王艳译，https：//carnegieendowment. org/files/full_piece_. pdf。

② 联合国：《建设信息社会：新千年的全球性挑战》，https：//www. itu. int/net/wsis/outcome/booklet/declaration_Bzh. html。

③ International Telecommunication Union，"Geneva Plan of Action，" https：//www. itu. int/net/wsis/outcome/booklet/.

④ 联合国大会：《信息社会世界首脑会议 – 突尼斯承诺》，https：//www. un. org/chinese/events/wsis/promises. htm。

社会议程》①。2015 年 12 月，在纽约举行了"信息社会世界峰会成果落实十年审查进程高级别会议"（WSIS + 10），探讨了网络安全、互联网管理、互联网上的人权等问题，并确保实现以人为本的、具有包容性和面向发展的信息社会的未来行动。2020 年 6 月—9 月，国际电联、联合国教科文组织、联合国开发计划署和联合国贸发会议举办"2020 WSIS 网上论坛"，主题是"促进数字化转型和全球伙伴关系：实现可持续发展目标的 WSIS 行动线"，包括专题研讨会、高级别会议、区域研讨会等，成为 WSIS 创立 15 年以来的里程碑。2020 年 6 月 11 日，联合国秘书长古特雷斯公布"数字合作路线图"，包括推动数字通用连接、促进数字技术成为公共产品、保证数字技术惠及所有人、支持数字能力建设、保障数字领域尊重人权、应对人工智能挑战、建立数字信任和安全。古特雷斯强调，路线图的首要目标是"连接、尊重和保护数字时代的人们"。② 联合国积极推动成员国的网络能力建设，如协调各国的网络法制、安全标准等。国际电联电信发展局（BDT）一直在协助各成员国了解网络安全的法律问题，以协调各国法律框架。国际电联电信标准化部门（ITU－T）将私营部门与政府聚拢在一起，在国际层面协商安全政策和安全标准。ITU－T 制定了安全要求综述、协议开发者安全指南和 IP 系统安全规范，还为开发保护现有网络和下一代网络（NGN）的协议提供了国际平台。

（二）网络军事政策

目前为止，联合国在应对网络空间军事化方面，几乎没有取得

---

① 联合国大会：《信息社会世界首脑会议－突尼斯信息社会议程》，https：//www. un. org/chinese/events/wsis/agenda. htm。

② 联合国：《联合国秘书长公布"数字合作路线图"》，http：//www. xinhuanet. com/2020/06/12/c_1126104075. htm。

任何进展。1998 年 10 月,俄罗斯首次向联合国"裁军与国际安全委员会"提出有关信息战军备控制的议案,呼吁各国就"运用国际法律机制禁止危险信息武器的发展、生产与使用的可行性"发表看法,但次月大会通过的决议案未将有关内容列入。① 2005 年 12 月,俄罗斯递交联合国大会的网络军备控制决议草案首次通过,成为网络军控领域的一次重要进步。2011 年 9 月,俄罗斯、中国、塔吉克斯坦、乌兹别克斯坦四国向联合国提交了"信息安全国际行为准则"草案,推动签署"旨在限制甚至禁止在特定情况下使用网络武器"的条约。该文件是目前国际上就信息和网络空间安全国际规则提出的首份较全面、系统的文件,但并未得到以美国为首的西方国家广泛响应。2020 年,联合国秘书长提出将"禁止致命的自主武器"作为应对未来十年网络空间安全威胁的措施之一。② 2020 年 5 月 22 日,联合国安理会举行关于网络安全和冲突预防的视频会议。联合国裁军事务副秘书长兼高级代表中满泉表示,全球网络安全框架发展仍处于初期,各国政府应保持密切配合,凝聚共识,互换经验,协调各种资源,力争实现"一个世界、一个网络、一个愿景"的目标。③

(三)打击网络恐怖主义政策

2009 年,联合国"反恐执行工作组"(CTITE)将网络恐怖主义界定为四类行为:"第一类是利用互联网通过远程改变计算机系统上的信息或者干扰计算机系统之间的数据通信以实施恐怖袭击;第

---

① 吕晶华:《网络军备控制:中美分歧与合作》,载《中国信息安全》2015 年第 9 期,第 43 页。

② 联合国新闻部:《联合国发起可持续发展目标行动十年 秘书长就"21 世纪的四大威胁"发出警告》,https://news.un.org/zh/story/2020/01/1049671。

③ 《联合国安理会讨论网络空间安全问题》,[越南]《人民军队报》,https://cn.qdnd.vn/cid-7267/7313/nid-570792.html。

二类是以恐怖活动为目的将互联网作为其信息资源进行使用；第三类是将使用互联网作为散布与恐怖活动为目的有关信息的手段；第四类是为支持用于追求或支持恐怖活动为目的的联络和组织网络而使用互联网。"① 2013 年 12 月 17 日，联合国安理会通过第 2129 号决议②，对恐怖组织或恐怖分子利用互联网实施恐怖行为，包括煽动、招募、资助或策划等活动表示严重关切，明确要求联合国反恐机构会同各国和有关国际组织加强对上述行为的打击力度等。

（四）打击网络犯罪政策

1988 年，国际电信世界大会制定《国际电信规则》（ITR）未明确包含有关网络安全的条款，但针对当时首次传播的一款恶意软件——莫尔斯蠕虫，《国际电信规则》（第 9 条）规定应避免"技术危害"。2002 年 12 月 20 日，联合国大会通过《创造全球网络安全文化的要点》（第 57/239 号决议）。③ 2007 年 5 月 17 日，国际电联秘书长哈玛德·图埃提出了《全球网络安全议程》（GCA），议程由法律措施、技术和程序措施、组织机构、能力建设和国际合作五大战略组成，为增强对信息社会的信心和提高安全性提供了一个国际合作框架。2008 年，国际电联电信标准化部门（ITU－T）将网络安全定义为"工具、政策、安全概念、安全防护、指导原则、风险管理的方法、行动、训练、最优活动、保证和技术的集合。该集合可

---

① 赵晨：《网络空间已成国际反恐新阵地》，载《光明日报》，2017 年 6 月 14 日第 14 版。

② 中华人民共和国常驻联合国代表团：《联合国安理会通过决议要求加强打击网络恐怖主义》，http：//chnun. chinamission. org. cn/chn/zgylhg/jjalh/alhzh/fk/t1109883. htm。

③ 联合国新闻部：《创造全球网络安全文化的要点》，https：//www. un. org/zh/documents/treaty/files/A－RES－57－239. shtml。

以用于保护网络环境、保护组织以及用户的资产。"① 2011 年，联合国网络犯罪政府专家组设立，成为联合国框架下探讨打击网络犯罪国际规则的唯一平台。根据 2018 年—2021 年工作计划，专家组每年召开一次会议，分别就网络犯罪立法、定罪、调查、电子证据、国际合作、预防等问题进行讨论。

三、联合国互联网治理的运行机制

联合国互联网治理机构设立、组建由联合国批准，并向联合国大会提交最终报告。联合国大会是互联网治理政策的最高机构，其出台的网络议题大会决议成为指导性原则。涉及互联网治理的联合国相关机构，在不同领域共同推进议题探讨和协商。

（一）互联网治理政策制定：联合国成员国磋商

互联网治理工作散布于不同的联合国机构，政策出台的基本程序相同：各秘书处组织调研、会议并提出草案，提交所隶属委员会审查，最后报告提交联合国大会。关于互联网治理的原则和政策，联合国需要召开成员国专门会议、联合国大会等协调立场，达成一致性意见。涉及互联网治理的会议、成果文件，经过联合国大会决策方具效力。例如，信息社会世界峰会（WSIS）及其后续会议为联合国互联网治理最为全面和根本的政策，联合国大会通过一系列决议对 WSIS 会议成果的落实进行审查。2014 年，大会通过 A/RES68/

---

① 国际电信联盟：《有关树立使用信息通信技术的信心和提高安全性的定义和术语》，https：//itunews. itu. int/zh/NotePrint. aspx？Note＝1822。

302 号决议①，决定对 WSIS 进行十年审查。2015 年 12 月，联合国
"关于信息社会世界首脑会议成果文件执行情况全面审查的大会高级
别会议"（WSIS + 10）在纽约召开，联合国大会决议（A/RES/70/
125）② 通过了此次会议的成果文件，承认 ICT 对《2030 年可持续发
展议程》的重要性。大会还肯定了表达自由和隐私权等基本人权，
以及互联网治理中的多利益攸关方合作互动原则。

（二）互联网治理政策实施：设立工作组推进

随着互联网问题议题日益分化，联合国的治理工作随之细化为
国际安全、经济社会发挥和人权自由等领域。依据不同的互联网治
理议题，联合国相关机构各自设置阶段性的工作组，协商出台相关
成果文件。目前，主要包括如下工作组：

1. 网络犯罪工作组。2004 年，联合国经社理事会（ECOSOC）
建立了一个关于身份相关犯罪问题的政府间专家组，该小组现已逐
步发展为核心专家小组之一。2010 年，联合国预防犯罪和刑事司法
委员下辖的联合国毒品和犯罪问题办公室（UNODC）建立了一个不
限成员名额的政府专家组，致力于打击网络犯罪。2011 年 1 月 17—
21 日，联合国毒品和犯罪问题办公室打击网络犯罪国际专家组召开
第一次专家组会议（EGM）。2020 年 7 月 29 日，第六次联合国网络
犯罪政府间专家组召开了线上会议。

2. 国际电联工作组。2007 年，国际电联秘书长哈玛德·图埃博
士组建了一个处理全球网络安全问题的高级专家组（HLEG），成员

---

① 联合国大会：《大会对信息社会世界首脑会议成果执行情况全面审查的方式》，https：//
www. un. org/zh/documents/view_doc. asp? symbol = A/RES/68/302。

② 联合国大会：《关于信息社会世界首脑会议成果文件执行情况全面审查的大会高级别会议
成果文件》，https：//www. un. org/zh/documents/treaty/files/A - RES -70 -125. shtml。

来自政府、业界、国际组织、学术机构和研究机构，目标是为全球应对不断演变的网络威胁和日益复杂的网络犯罪提出战略。专家组于 2007 年 10 月和 2008 年 5 月召开会议，向国际电联秘书长提交了专家组的战略建议，为成员国加强网络安全提供援助。

3. 信息安全政府专家组（UNGGE）。成立于 2004 年，至今已是第六届（2004/2005、2009/2010、2012/2013、2014/2015、2016/2017、2019/2021）。本届主席为巴西人 Guilherme de Aguiar Patriota 大使。信息安全政府专家组成员基于地理平衡原则分配，联合国安理会常任理事拥有永久席位。联合国军控事务高级代表办公室向秘书长建议信息安全政府专家组成员组成，考虑因素包括：政治和地缘上的平衡、参与兴趣、参与次数、是否参与其他信息安全政府专家组等。每个成员国指定一名政府官员作为专家，早期专家通常具有信息安全、外交或技术背景，后来发展为具有军控与不扩散背景。联合国裁军事务办公室（UNODA）是信息安全政府专家组的秘书处，信息安全政府专家组决策采取共识原则。每届信息安全政府专家组通常召开四次会议，每次会期一周，采取闭门会，不邀请观察员参加，但国际电联会通常被邀请与会。信息安全政府专家组聚焦国际安全和裁军并非技术议题，不探讨间谍、互联网治理、开发及数字隐私、反恐、打击犯罪等问题。

4. 信息安全开放式工作组（OEWG）。2018 年，由俄罗斯倡议成立，现任主席为瑞士人 Jurg Laurber 大使。所有愿意参加的联合国成员、商会、产业界、NGO 和学术界均可申请参加信息安全开放式工作组，但需要联合国裁军事务厅（UNODA）审核且没有成员反对。信息安全开放式工作组的主要议程：现存和潜在威胁；国际法；规则、规范和圆柱；定期机构对话；信任建立措施；能力建设。2019 年 6 月 3 日开始工作；2019 年 9 月 9—13 日，召开第一次实质性问题讨论会议；2019 年 12 月 2—4 日，召开实质性会议期间的协商会（产业界、NGO 参加）；2020 年 2 月 10—14 日，召开第二次实质性问题讨论会；2020 年 5 月中旬，OEWG 主席向成员国发放草案初稿（pre - draft），并就此初稿召开系列视频会议；2020 年 6 月 15、17、19 日，召开非正式网络会议，讨论当前全球形势下的 ICT 风险及国家规则指南制定等问题。

（三）互联网治理政策的合作：多利益攸关方参与

联合国互联网治理机构并不排斥其他国际行为体参与，不同利益攸关方成为联合国治理体系的组成部分。例如，WSIS 论坛是一个全球利益攸关多方平台，由国际电联、联合国教科文组织（UNESCO）、联合国开发计划署和联合国贸发会议与信息社会世界峰会所有行动方面共同/促进方及其他联合国组织共同组织。论坛旨在落实 "WSIS 各行动方面"，为信息交流、知识创造和最佳做法共享提供机会。WSIS 论坛是讨论信息通信技术作为实现可持续发展目标和具体目标手段的主要论坛。与国际组织合作方面，2008 年 9 月，国际电联与国际打击网络威胁多边伙伴关系（IMPACT）签署了一份《谅解备忘录》，为 191 个国际电联成员国提供促进网络安全的资源和专业技能。IMPACT 成立于 2008 年，是一个政府、行业领袖和网络安全专家的联盟，致力于增强全球社会阻止、防御和应对网络攻击能力。与业界合作方面，例如，2014 年 4 月 2 日，国际电联和 ABI Research 公司推出的一项旨在衡量各国网络安全工作情况的举措——全球网络安全指数（GCI），这旨在加强网络安全，缩小全球在此领域的差距，同时在国家层面开展相关能力建设。

四、对联合国框架的评述

与日益严峻的网络安全形势及国际社会诉求相比，联合国框架下的互联网治理体系建设及能力水平难言成功。放眼未来，新旧问题交织，联合国互联网治理之路依旧任务繁重、荆棘丛生。但危中有机，推进联合国互联网治理具有两方面优势：一是 30 多年来的治理实践积累了大量成果和经验，推动互联网治理生态系统将进入一个较为成熟的阶段；二是严峻的形势更易凝聚共识，更多的共同关切催生更多的国际合作。

但基于上述分析，不难看到，联合国框架要想发挥更大作用还面临很多问题，突出表现在以下两大方面：

一是"涉网"机构未成有机体系，缺乏最高层面协调与决策机构。由于互联网议题包罗万象、进展程度不一，联合国介入互联网治理的机构较多，目前无法整合为一套有机的治理系统。就发展和安全两大治理议题而言，前者比较容易达成共识、成果丰富，而后者各方分歧较大、进展困难。因此，联合国互联网治理一直分头推进，机构间协调不足，影响各自成果的国际社会影响力。尤其在联合国机构的最高层，目前并没有专门的互联网事务专门机构，仅依靠联合国秘书长的个人协调和运作，难以处置深层次、全局性的互联网治理问题。

二是因袭多边决策机制，效果受制于地缘政治。联合国作为政府间国际组织，采取多数同意的一致原则，互联网治理时常成为大国博弈的战场。尤其在网络安全领域，欧美与中俄的立场分歧明显，联合国不得不照顾各方意见，采取妥协和折中方案。关于国际安全视角下的信息通信技术发展探讨，美俄两国都想主导，联合国不得不采取"双机制",同时推进信息安全政府专家组和信息安全开放式工作组两个专家组。同样,在网络犯罪方面,美西方国家力推《布达佩斯条约》,俄中等国则倡议制定全球性网络犯罪公约。可以预见,即使是在打击网络犯罪这样相对共识基础较好的领域,相关立场协调都困难重重。联合国能否很好应对这些问题将在很大程度上决定其在未来网络空间治理体系中的地位与影响力。

小结

鉴于当前形势,联合国框架虽然整体上仍然强调发展与安全,但对于网络空间安全的关切不断上升,这符合国际社会各方的期望。正如2020年,联合国秘书长古特雷斯提出应对未来十年信息通信技术威胁的方案:引导技术带来积极变化;打击网络犯罪和网络仇恨;将规范纳入目前"无法无天"的网络空间;禁止致命性自动武器。① 在安全方面,当前信息安全政府专家组和信息安全开放式工作组的工作重点被设定为:网空规则、能力建设和建立信任措施。因此,根据现实需要,提升联合国互联网治理能力,可从如下方面着手:一是设立更高层级的专门治理机构。如同2020年1月,联合国秘书长古特雷斯建议,联合国应该专门设立一个平台探讨互联网政策相关议题。随着网络安全成为国际安全的重要议题,联合国需要一个层级更高的专门协调机构,以更具制定新的协议和规范、定义红线、建立灵活的规制架构。二是强化与地区组织的安全议题协调。除联合国以外,部分地区组织也签署了与网络空间安全相关的条约。2004年7月,欧洲打击网络犯罪公约委员会正式成立。2004年4

---

① 联合国新闻部:《联合国发起可持续发展目标行动十年 秘书长就"21世纪的四大威胁"发出警告》,https://news.un.org/zh/story/2020/01/1049671。

月，美洲国家组织通过决议，要求构建针对网络空间犯罪的法律框架。2006 年和2009 年，上海合作组织分别签署了《上海合作组织成员国元首关于国际信息安全的声明》和《上海合作组织成员国保障国际信息安全政府间合作协定》，强调通过双边、地区和国际层面合作，加大各国保障信息安全力度。联合国需要借鉴地区组织的经验，加强相互在网络安全议题上的协调力度，以制定更可行、更具强制力的政策。

论联合国信息安全政府专家组在网络空间规范制定进程中的运作机制①

鲁传颖　杨　乐*

摘　要：随着国家主导的大规模网络监听、网络黑客攻击、网络冲突等事件的频发，网络空间的和平与发展受到了严峻威胁，以网络规范为基础的秩序构建成为网络空间全球治理最紧迫的任务。联合国信息安全政府专家组是主权国家参与构建网络空间规范的主要国际机制，在构建网络空间规范方面取得了一定的成果。但是，主要大国之间的认知差距、利益分歧，对专家组网络规范制定工作带来了挑战。本文首先对专家组机制的运行情况和特征进行梳理；其次，对专家组机制在推动形成网络规范方面的作用和挑战进行了深入分析；最后，提出中国如何通过参与信息安全政府专家组工作来引领国际网络规范进程的建议。

关键词：网络规范　网络空间治理　联合国信息安全专家组　开放式工作组

网络空间是一个由技术推动并在与人类活动的交互中快速形成

---

①　本文原收录于《全球传媒学刊》2020年第7期，第102–115页。
*　鲁传颖，上海国际问题研究院网络空间国际治理研究中心秘书长，副研究员；杨乐，上海国际问题研究院网络空间国际治理研究中心研究助理。

的虚拟空间。网络技术所具有的颠覆性功能，使得这一空间具有动态性和复杂性的特征，增加了行为体之间就网络空间秩序达成共识的难度。如卡斯特所言，网络空间的意义在于技术与社会、经济、文化、政治之间的互动，技术在改变传统社会的同时，人类之间的象征性沟通、人与社会的生产、经验和权力也开始向网络空间扩张、延伸和映射①。然而，由于缺乏相应的国际法和治理机制，网络空间的和平与发展面临着大规模网络监听、网络作战部队急速发展、网络渗透等国家行为的挑战。因此，建立网络规范成为当前网络空间治理中的优先议程，联合国、区域性组织和非政府组织等多数国际组织纷纷加强了构建网络规范的工作。

一、国际规范及其在网络空间的延伸

从词源上来说，规范对应的英文为"norm"，《韦氏新国际英语词典》对其的多项解释暗含着正确的、正面的、广为认可的等褒义前缀。国际政治领域对于规范一个普遍接受的定义是：赋有某个给定身份的行为体所应该采取的适当行为的集体期望。② 这种期望是一种道德性、共识性的体现，适当行为的共有观念、期望、信念等因素使世界有了结构、秩序和稳定。③ 在全球治理中，国际规范和区域规范规定了适当的国家行为准则，规范限制了国家可以选择的行动

---

① 曼纽尔·卡斯特：《网络社会：跨文化的视角》，周凯译，北京：社会科学文献出版社，2009 年版，第 8 - 14 页。

② 彼得·卡赞斯坦：《国家安全的文化：世界政治中的规范与认同》，刘铁娃译，北京：北京大学出版社，2009 年版，第 45 页。

③ Finnemore M，"Sikkink K. International Norm Dynamics and Political Change"，*International Organization*，1998，52（4），pp. 887 - 917.

范围，因而约束了国家的行动。① 在网络空间的治理中，规范是一种对网络空间中负责任国家的行为的一种集体的期待，这种期待是积极、正面的，有助于网络空间的和平、稳定、发展、繁荣。

现有网络空间秩序是有关互联网原则与规范的演进产物，也是国际机制与组织扩散的客观体现。② 在网络空间国际规范形成进程中，现存国际力量格局和不同利益相关方的立场都对规范形成产生着影响。玛莎·芬尼摩尔认为在建立网络空间行为规范的过程中，国家网络能力差异、网络空间特殊性和网络空间复杂综合性阻碍着规范的形成。首先，国家在网络技术、网络市场和网络资源等方面的差距使各国难以达成一种均势的力量对比和相互制约，大国易于采取进攻性和开放性的政策，弱国则倾向于采取防御性和封闭性的网络政策。其次，现行的国际体系难以对具有匿名性、跨国性、即时性等特点的网络行动采取约束性管理。最后，网络空间治理是一个跨领域、跨专业的综合议题，需要来自不同领域的专业知识分析，也需要国家、私营部门和民间团体的共同参与。因此，网络规范建立是一个漫长而艰难的协调过程。

网络空间各利益攸关方对网络规范有着不同的认知，也阻碍了规范的达成。如各国对于网络主权和网络自由存在不同的认知，实际背后的分歧在联合国两大法理支柱中已经存在。如《联合国宪章》（*Charter of the United Nations*）和《世界人权宣言》（*The Universal Declaration of Human Rights*）在涉及到主权和人权的表述时，并没有区分两者的高下，而是采取包容的姿态。网络空间中的情况比现实社会更加复杂，国家的行为规范不仅需要考虑人权与主权之间的差

① 鲁传颖：《试析当前网络空间全球治理困境》，《现代国际关系》2004 年第 10 期，第 48 - 54 页。

② 王明国：《网络空间秩序转型的国际制度基础》，《全球传媒学刊》2005 年第 4 期，第 25 - 25 页。

异，还需要进一步考虑国际法在网络空间中的适用性问题。立场的差距既来自现实的利益分歧，也来自不同文化背景下形成的认知差异。因此，网络空间中的国家行为规范不仅需要利益上的妥协，也需要加强在认知层面的沟通，特别是关于行为规范的标准和内涵。联合国信息安全政府专家组（UNGGE）是以主权国家为基础，构建网络规范的主要国际机制。UNGGE 规范构建进程都推动了国际社会对主权国家在网络空间行为的集体期望，有助于国际社会客观评估国家活动和意图，降低大国之间的网络冲突，促进以和平手段利用通信技术，保障网络空间的和平与安全。[①]

二、联合国信息安全政府专家组机制（UNGGE）

联合国信息安全政府专家组是网络规范构建领域的主要国际机制，它在网络规范领域达成的共识目前最具合法性和权威性。目前，联合国信息安全政府专家组机制已经组织了 5 届专家组，发布了三份共识报告，建立了多个有影响力的网络规范。同时，联合国信息安全政府专家组机制也面临着代表性不足的挑战，这也导致了联合国层面建立了信息安全开放式工作组机制（OEWG），作为联合国信息安全政府专家组的平行机制来解决其代表性不足的问题。这在客观上分散了联合国信息安全政府专家组在网络空间规范制定进程中的权威性。

第一，联合国信息安全政府专家组的诞生和发展过程一直处于网络空间全球治理的重要领域。进入 21 世纪以后，随着网络空间安

---

① Group of Governmental Experts on Developments in the Field of Information and Telecommunications in the Context of International Security （2015）, UN General Assembly Document A/70/174.

全形势的整体恶化和大国之间的博弈陷入困境，各国逐渐认识到建立网络空间的规范和规则成为保障各国在网络空间国家利益的重要途径。联合国大会中的裁军和国际安全委员会（第一委员会）根据联合国秘书长的指令（mandate）于 2004 年建立联合国信息安全政府专家组作为秘书长顾问，以研究和调查新出现的国际安全问题并提出建议。联合国信息安全政府专家组的主要宗旨是服务于联合国建立一个"开放、安全、稳定、无障碍及和平的信息通信技术环境"①。

　　联合国信息安全政府专家组作为国家间对话的中心平台，主要讨论对国家使用信息通信技术所适用的有约束力和无约束力的行为规范，涵盖面从现行国际法在通信技术环境中的适用到国家在网络空间的责任和义务，问题涉及关键基础设施保护、网络安全事件防范、信任和能力建设以及人权保护等。② 议题经讨论后由区域、次区域、双边、多边或专门机构进行运作和实践。③ 尽管联合国信息安全政府专家组报告并不具备强约束力，但被视为增强网络空间稳定性的重要基石。广泛传播的联合国信息安全政府专家组共识强化了国家间及和其他利益攸关方之间的信心建立，加强了发展中国家的网络能力。

　　2018 年联合国大会 A/RES/73/266 决议开启了 2019 年联合国信

① Camino Kavanagh, The United Nations, Cyberspace and International Peace and Security: Responding to Complexity in the 21st Century. United Nations Institute For Disarment Research. p. 3. Access to http://www.unidir.org/files/publications/pdfs/the - united - nations - cyberspace - and - international - peace - and - security - en - 691.pdf.

② Camino Kavanagh, The United Nations, Cyberspace and International Peace and Security: Responding to Complexity in the 21st Century. United Nations Institute For Disarment Research. p. 7. Access to http://www.unidir.org/files/publications/pdfs/the - united - nations - cyberspace - and - international - peace - and - security - en - 691.pdf.

③ Camino Kavanagh, The United Nations, Cyberspace and International Peace and Security: Responding to Complexity in the 21st Century. United Nations Institute For Disarment Research. p. 15. Access to http://www.unidir.org/files/publications/pdfs/the - united - nations - cyberspace - and - international - peace - and - security - en - 691.pdf.

息安全政府专家组组会进程，并要求 UNGGE 成员与非洲联盟、欧洲联盟、美洲国家组织、欧洲安全与合作组织、东南亚国家联盟区域论坛等有关区域组织合作举行一系列协商，在联合国信息安全政府专家组会议前就联合国信息安全政府专家组会议所涉议题交换意见。这一协商会议是新开启的不限成员名额开放式工作组（OEWG），该工作组的参与成员来自联合国会员国、产业界、非政府组织和学术界。信息安全开放式工作组和联合国信息安全政府专家组是联合国主持下的重要独立协商机制，两者并驾齐驱。① 信息安全开放式工作组先于联合国信息安全政府专家组会议召开，这将便于信息安全开放式工作组代表讨论的议题和建议融入此后的联合国信息安全政府专家组会议中，间接性扩大联合国信息安全政府专家组参与成员。信息安全开放式工作组首届会议于 2019 年 12 月 2—4 日在纽约召开，100 个主权国家和 113 个机构组织注册参加，是 UNICT 首次就网络威胁与挑战议题召开这种开放式的全球多利益攸关方的会议。

第二，联合国信息安全政府专家组机制达成的主要共识包括负责任的国家行为准则、国际法在网络空间的适用性和建立信任措施三个主要方面。首先，负责任的国家行为准则。2010 年联合国信息安全政府专家组第一份报告中就认识到当前部分国家开始将信息通信技术（Information Communication Technology，ICT）用于作战和情报搜集等政治目的，并且提出当前国际社会缺乏对可接受的国家行为（*Acceptable State Behavior*）的共同认知，这会造成国家间的不稳定和误解。② 首次提出了网络空间应该对主权国家行为形成共同的期望，从而约束国家行为。2013 年的报告明确提出负责任的国家行为

---

① United Nations Institute For Disarment，(2019) Resolution Adopted by the General Assembly on December 2019. Developments in the field of information and telecommunications in the context of international security. Access to https：//www. un. org/disarmament/ict－security/.

② Note by the Secretary－General，2010 Group of Governmental Experts on Developments in the Field of Information and Telecommunications in the Context of International Security，A/65/201.

（*Responsible Behavior by States*）这一概念，并确定国际现有规范如国际法、《联合国宪章》《世界人权宣言》等适用于信息通信领域，将国家主权、管辖权、人权、国家间合作等物理世界中国家间交往的概念运用于网络空间（UN General Assembly Document A/68/98，2013）。2015 年联合国信息安全政府专家组报告中负责任的国家行为准则内容更加翔实，从"负面清单"式的要求各国不得做某些事，到鼓励各国回应他国援助请求、保障本国信息通信技术供应链安全，促进国家间信息分享、国际合作。总体而言，联合国信息安全政府专家组机制下兴起的负责任的国家行为准则规范经历了概念提出、明确现有规范适用性、细化规范内容的发展历程。其次，国际法在网络空间的适用性。联合国信息安全政府专家组机制的任务之一是明确现有国际规范在网络空间的适用性。从2013 年的报告开始就明确强调了国际法适用于各国处理通信事务，承认主权国家和源自主权的国际规范和原则适用于国家进行的通信活动，以及国家对在其领土内对通信技术基础设施有管辖权。[1] 2015年的联合国信息安全政府专家组报告肯定了国家主权、主权平等、以和平手段解决争端、不干涉他国内政的国际法原则，既定的国际法原则中的人道原则、必要性原则、相称原则、区分原则都适用于通信领域；国家在通信领域也需履行国际法规定的义务，享有国际法规定的权利，其中明确指出各国不得使用代理人利用信息通信技术进行国际不法行为，并且力求不让非国家行为体利用其领土实施此类行为。[2] 在联合国信息安全政府专家组机制下，国际法在网络空间适用性经历了从国际法未曾进入议程设置，肯定国际法在

---

[1] Group of Governmental Experts on Developments in the Field of Information and Telecommunications in the Context of International Security, 2015, UN General Assembly Document A/70/174.

[2] Group of Governmental Experts on Developments in the Field of Information and Telecommunications in the Context of International Security, 2015, UN General Assembly Document A/70/174.

网络空间的适用性，逐步明确国际法既定原则适用性和国际法权利、义务适用性的过程。最后，建立信任措施机制。建立信任措施是消除国家意图的恶意揣测、增强事件的可预测性、减少国家间的行为误判的有效途径。2010 年联合国信息安全政府专家组报告将建立信任机制应对国家使用通信技术的影响纳入关注议题。[①] 2013 年的报告从多方面阐述了加强国家合作促进信任建立。合作机制上，呼吁建立双边、多边、区域的协商框架，双边的国家计算机应急小组交流对话，以及联合国定期主持广泛参与的对话。合作内容上，促进国家自愿交流关于国家战略和政策、最佳做法、决策过程，呼吁各国就加强应对信息通信技术安全事件的信息分享；合作形式上，提出开展讲习班、研讨会、不同场合的对话。[②] 2015 年的 UNGGE 报告则在政策和技术、交流内容、合作方式上对信任建立机制具体操作进行了更为具体的补充（UN General Assembly Document A/70/174，2015）。从三份报告对建立信任措施机制的内容来看，形成了议程设置、合作内容确定和合作操作指南的发展过程。

第三，联合国信息安全政府专家组面临代表性不足挑战。联合国信息安全政府专家组机制迄今已发展了近二十年，由于代表名额有限，并且除了联合国安理会常任理事国之外，其他国家基本按照地区均衡的原则轮流当选。因此，该机制所存在的代表性不足问题一直被世人诟病。据统计，连续参加六次联合国信息安全政府专家组的国家仅有 6 个，参加五次的为 4 个，参加四次的国家为 3 个，参加三次的为 5 个，参加两次的为 4 个，只参加一次

① Note by the Secretary – General, 2010 Group of Governmental Experts on Developments in the Field of Information and Telecommunications in the Context of International Security, A/65/201.

② Group of Governmental Experts on Developments in the Field of Information and Telecommunications in the Context of International Security, 2013, UN General Assembly Document A/68/98.

的高达 18 个①。直到目前为止，联合国信息安全政府专家组参会代表都未曾超过 25 人。而且由于联合国信息安全政府专家组在组建过程中使用轮流机制，印度、日本、巴西这样的中等大国对于不能连续参加联合国信息安全政府专家组工作有很大不满。类似于像新加坡、荷兰、韩国、比利时这样的中等国家在网络领域有一定的区域影响力，也不满足于几年甚至更长时间才能轮到一次参与联合国信息安全政府专家组。除此之外，以微软、国际红十字会为代表的私营部门和非政府组织也一直对不能参与相关工作表达了强烈不满。

联合国信息安全政府专家组代表性不足的问题也引起了各方对联合国信息安全政府专家组有效性的质疑。联合国成立联合国信息安全政府专家组的目的是召集全球该领域的专家为联合国大会就该领域的事项提出专业建议，但纵观参与会议的代表身份背景，联合国信息安全政府专家组平台已然成为各国政府外交博弈的舞台。现今参与 UNGGE 的专家代表越来越多来自一国的外交部门，因此联合国信息安全政府专家组的议题设置和议题讨论都受到较大域外政治因素影响。俨然联合国信息安全政府专家组成为了国家间谈判的代理场所，国家间直接的、正式的谈判都可能被此取代。

三、联合国信息安全政府专家组机制与网络空间治理的规范形成进程

联合国信息安全政府专家组机制为网络空间全球治理提供了规

---

① Camino Kavanagh（2017），The United Nations, Cyberspace and International Peace and Security: Responding to Complexity in the 21st Century. United Nations Institute For Disarment Research. p. 17. Access to http://www.unidir.org/files/publications/pdfs/the-united-nations-cyberspace-and-international-peace-and-security-en-691.pdf.

范治理的基本框架，其推动的负责任的国家行为准则、国际法在网络空间中的适用性和建立信任措施三大规范治理领域也成为国际社会构建网络空间秩序的主要努力方向。虽然 2017 年的联合国信息安全政府专家组报告由于在网络空间中的"国家责任""反措施""自卫权"等方面的规范上未能达成共识，最终未能完成任务。这次失败被认为是网络空间规范形成进程的一次重大挫折。① 但回首历届联合国信息安全政府专家组工作，既有成功之处，也面临着重大挑战。

（一）联合国信息安全政府专家组共识推动国际网络规范发展

联合国信息安全政府专家组机制下形成的规范是自愿性和非约束性。表明国家可以自主选择是否加入遵守规范的行列，对于违反规范的行为不会依据报告进行实质性的惩罚。非强制性虽然降低了规范的效力，但在当前网络空间技术、战略和法律不断完善的情况下采取的一种较为妥当的妥协举措。虽然国际法无法禁止违反负责任国家行为规范，但由于作为一种国际社会的集体期待和标准，违反规范的国家依旧会感受到来自全球的强大压力。从这种意义上而言，规范能够促进国际安全，减少冲击网络空间和平与稳定的行为。

2015 年联合国信息安全政府专家组报告就负责任的国家行为提出了 11 条具体的规范，主要涉及信息共享、隐私保护、关键基础设施保护、供应链安全和计算机应急响应机构等。其中"各国不应当从事或故意支持蓄意破坏关键基础设施或以其他方式损害为公众服务的关键基础设施的利用和运行的信息通信技术"、"国家应回应其他国家在关键基础设施受到攻击时发出的援助请求，以及减少从其

---

① Michele G. Markoff (2017), "Explanation of Position at the Conclusion of the 2016 - 2017 UN Group of Governmental Experts (GGE) on Developments in the Field of Information and Telecommunications in the Context of International Security," Access to https：//www. state. gov/s/cyberissues/releasesandremarks/272175. htm.

领土发动的针对请求国关键基础设施的攻击",这两条规范暗含国家不应当对其他国家的关键基础设施进行攻击,如果攻击被发现了,受害国提出了抗议,攻击方应当减少和停止继续攻击。尽管规范预设了很多条件,但对于关键基础设施的保护有非常重要的作用,表达了国际社会对于网络安全问题的高度期待。

联合国信息安全政府专家组在推动国际法在网络空间适用性中,肯定了主权平等、和平解决争端、不威胁使用武力、尊重人权和基本自由、不干涉他国内政和《联合国宪章》原则在网络空间的适用。支持各国对其国内的信息通信基础设施拥有主权,现有的武装冲突法(LOAC)中的人道原则、必要性原则、相称原则和区分原则等适用于网络空间。联合国信息安全政府专家组报告中的这六项原则中最为核心的两项是"主权"在网络空间中的适用和武装冲突法的四项原则的适用。[①] 这是国际社会对此进行妥协的产物,发展中国家强调主权的适用,发达国家强调武装冲突法的适用,双方对此都表示满意。[②]

联合国信息安全政府专家组关于能力建设的规范倡导,引领了各国政府以及国际组织开展合作的方向。联合国信息安全政府专家组规范中提倡的能力建设主要是呼吁国家主导开展合作和援助,缩小国家间的数字鸿沟和通信能力鸿沟,从而保障全球信息通信技术的安全和稳定。2016 年,中俄两国在元首会晤后发出的声明中承诺两国将"加强信息网络空间领域的经济合作,促进两国产业间交往并推动多边合作,向发展中国家提供技术协助,弥合数字鸿沟"。与此同时,美洲国家组织正在实施一项方案,旨在支持美洲国家组织

---

① 黄志雄:《国际法视角下的"网络战"及中国的对策——以诉诸武力权为中心》,《武汉大学国际法研究所》2015 年第 5 期,第 146 - 159 页。

② Group of Governmental Experts on Developments in the Field of Information and Telecommunications in the Context of International Security (2015), UN General Assembly Document A/70/174.

成员国制定网络安全战略、提高认识和能力建设。① 此外，G20 作为保障全球金融稳定的国家间组织，已经开始在 ICT 领域开展能力建设实践。2017 年 3 月，G20 财长和央行行长承诺加强全球金融体系抵御恶意使用 ICT 的能力。② 网络空间的互联互通性使得网络空间的安全与繁荣是一种"一荣俱荣，一损俱损"模式的博弈，联合国信息安全政府专家组提倡的能力建设规范正是基于强调加强各国网络能力建设，鼓励网络空间能力强国分享其最佳实践，提高网络能力较弱的国家增强其网络韧性。

（二）联合国信息安全政府专家组机制面临网络空间国家博弈的挑战

由于网络空间规范制定的战略性和复杂性，联合国信息安全政府专家组机制也面临着各种挑战，特别是大国之间、发达国家与发展中国家之间在网络空间国家行为准则、国际法适用等网络规范领域的博弈，不仅使得相应的规范难以达成，也使得联合国信息安全政府专家组本身也陷入了停滞和分裂。

一是大国博弈阻碍规范形成。随着网络安全对国家安全、国家利益、国家战略的影响逐渐加深，网络空间成为大国间博弈的新场所，且呈愈发激烈之势。联合国信息安全政府专家组作为政府间组织，早在成立之初就蒙上了大国斗争的阴影。1998 年俄罗斯就向联大提出国际安全信息和电信技术的决议草案，美国认为俄罗斯的提

---

① NATO CCDCOE (2017), CICTE Resolution to Establish a Working Group on Cooperation and Confidence – Building Measures in Cyberspace, Cyber Defense Library. Access to https://ccdcoe.org/publication – library.html.

② Germany (2017), G20 Communiqué, Finance Ministers and Central Bank Governors Meeting, Baden – Baden, Germany, 17 – 18 March, access to http://www.bundesfinanzministerium.de/Content/DE/Standardartikel/Themen/Schlaglichter/G20 – 2016/g20 – communique.pdf? __blob = publicationFile& v = 7.

案并不是出于关心和保护互联网领域，而是为了消灭美国在网络空间的能力，特别是俄罗斯呼吁缔结一项网络空间的军控协定，美国认为此协定是为了抑制美国将互联网优势转化为军事优势，在2005—2009 年期间美国一直对该提案投反对票。而且，美国认为俄罗斯会以加强信息和电信安全为由限制信息自由，俄罗斯对信息战和网络空间的治理模式过于强调控制大众媒体的内容，意图影响国外和国内的看法。[①]

　　2017 年联合国信息安全政府专家组未能达成共识的主要原因是各方在《联合国宪章》中的自卫权、一般国际法中的反措施（counter measures）、国际人道主义法在网络空间的适用性接受态度各不相同。2017 年联合国信息安全政府专家组未能达成共识报告的消息一经发出，联合国信息安全政府专家组美国代表米歇尔·马可夫就发表官方声明，表明美国积极推进国际法、国际人道主义法、国家责任法等现有原则在网络空间的适用，认为不愿意肯定这些国际法和原则适用性的国家是为了在网络空间的行动不受任何限制或约束。[②] 德国代表在随后的声明中也强调到支持现行的国际法包括《联合国宪章》等适用于网络空间，恶意的网络行动应该受国际法的制裁，对于反制措施、禁止使用武力和自卫权等概念适用于网络空间也都持支持态度。[③] 然而，俄罗斯官方代表安德鲁·克鲁斯基赫在接受采访时说道："自卫权、反措施等概念本质上是网络强国追求不

　　① Christopher Ford, "The Trouble with Cyber Arms Control," *The New Atlantis – A Journal of Technology &Society*, Fall 2010, p. 59. Access to https: //www. thenewatlantis. com/docLib/20110301_ TNA29 Ford. pdf.

　　② Rodriguez M. Declaration by, Representative of Cuba, at the Final Session of Group of Governmental Experts on Developments in the Field of Information and Telecommunication in the Context of International Security, New York, June 23, 2017. Access to https: //www. justsecurity. org/wp – content/uploads/2017/06/Cuban – Expert – Declaration. pdf.

　　③ Fitschen T. Statement by Ambassador Dr Thomas Fitschen, 2018, Director for the United Nations, Cyber Foreign Policy and Counter – Terrorism, Federal Foreign Office of Germany. Access to https: //s3. amazonaws. com/unoda – web/wp – content/uploads/2018/11/statement – by – germany –72 – dmis. pdf.

平等安全的思想，将会推动网络空间军事化，赋予国家在网络空间行使自卫权将会对现有的国际安全架构如安理会造成冲击。"①

时任中国外交部条约法律司副司长马新民在 2016 年亚非法律协商组织会议上曾表明，将现有的武装冲突法直接移植至网络空间需要进一步的审视，将战争法、国家负责任的法等军事性范式（military paradigm）直接运用于网络空间可能会加剧网络空间的军备竞赛和军事化，网络空间发生的低烈度袭击可以通过和平、非武力手段解决。②

此外，国家间冲突和国际阵营化敌对也影响着联合国信息安全政府专家组最终成果。美俄围绕着"黑客干预大选"的冲突升级对2017 年联合国信息安全政府专家组影响很明显，马可夫在会议中坦言，缺乏政治意愿是导致 UNGGE 未能达成共识的主要原因。③ 网络空间的大国博弈形成的阵营化对峙也阻碍国家间共识性规范达成，例如在 2016—2017 年 UNGGE 在国家是否有权自主判定和反击网络攻击议题上未能达成共识。中国明确的反对网络空间军事化，反对给予国家在网络空间合法使用武力的条款，欧盟在很大程度上与中国是持相同立场的，但因为欧美阵营的存在，不得不支持美国立场。

二是网络发达国家与网络发展中国家难以达成共识。以中、美、俄分歧凸显的大国博弈，其实很大程度上反映的是网络发达国家与发展中国家之间的分歧。美欧等国将网络空间定义为第五空间，认

---

① Krutskikh, Andrey, "Response of the Special Representative of the President of the Russian Federation for International Cooperation on Information Security Andrey Krutskikh to TASS' Question Concerning the State of International Dialogue in This Sphere," 2017, access to http://www.mid.ru/en/foreign_policy/news//asset_publisher/cKNonkJE02Bw/content/id/2804288.

② XinminM. Key issues and future development of international cyberspace law. CQISS 2016, 19 – 33.

③ 鲁传颖：《专家组未能达成共识的原因及其对网空治理的影响》，http://www.sohu.com/a/208620660_761681。

为网络空间采取军事行动是既成事实，为了维护国家安全，必须采取自卫和反措施，并且需要用武装冲突法等国际法为依据建立网络军事行动的基本准则。这一战略的背后实际上是要利用美欧领先的网络军事力量建立在网络空间的战略优势，增加对非西方国家的网络威慑能力。① 美国倾向于以现存的国际规范来保障其强者地位，对于其而言，推动网络空间规范发展能够创造可预测性并且威慑敌对势力的网络袭击。②

然而，网络空间国际法适用性密切涉及国家的战略考量，讨论国际法在网络空间的适用性不仅仅是学术问题，更重要的是与国家战略利益和意识形态相结合在一起。③ 发展中国家出于对网络强权肆意使用武力和依据先进的网络能力谋取战略优势的担忧，主张以《联合国宪章》以及现有的国际安全架构来解决网络空间的冲突问题，避免将使用武力的决定权交由网络强国。联合国信息安全政府专家组古巴代表在 2017 年联合国信息安全政府专家组未能达成共识后的声明中陈述道："某些国家欲将网络空间变为军事战场并为其单方面的惩罚性武力行动谋求合法化，包括对非法使用 ICT 的国家进行制裁甚至采取军事行动"，不接受将恶意使用信息通信技术与《联合国宪章》中的"武装攻击"概念等同使用，这一主张其实是在为其使用自卫权谋求合法性。④ 在人道主义法的适用性上，不赞同完全

---

① 鲁传颖：《国际政治视角下的网络安全治理困境与机制构建》，《国际展望》2017 年第 4 期，第 59 – 70 页。

② Lotrionte C. (2013) A better defense：Examining the united states' new norms based approach to cyber deterrence. Georgetown J Int Affairs；(14), 75 – 88.

③ Henriksen A. (2016) Politics and the development of legal norms in cyberspace. In：Friis K, Ringsmose J (eds), Conflict in Cyber Space：Theoretical, Strategic and Legal Pespectives. Routledge, 51 – 64.

④ Rodriguez M. Declaration by, Representative of Cuba, at the Final Session of Group of Governmental Experts on Developments in the Field of Information and Telecommunication in the Context of International Security, New York, June 23, 2017. Access to https：//www. justsecurity. org/wp – content/uploads/2017/06/Cuban – Expert – Declaration. pdf.

适用于网络空间，认为这将使信息通信技术背景下的战争和军事行动合法化，对这些现存国际法原则在网络空间的新解释很可能导致"丛林法则"出现，强大的国家利益永远占上风，而对弱小的国家永远不利。①

四、联合国信息安全政府专家组的未来与中国的参与策略

联合国信息安全政府专家组是当前网络空间治理的主要机制和平台，虽然第五届联合国信息安全政府专家组会议（2016—2017）未能如预期达成共识，但联合国信息安全政府专家组所具有的合法性以及各方的认可度都是其他机制难以企及的。包括中国和欧洲在内的国际社会主流声音依旧认可联合国信息安全政府专家组发挥的作用，希望联合国信息安全政府专家组能够延续。当然，也有观点认为联合国信息安全政府专家组机制本身也存在着代表性不足，缺乏足够的资源等问题，应当借机对联合国信息安全政府专家组机制进行改革等。目前联合国信息安全政府专家组的改革方向主要包括：一方面，联合国信息安全政府专家组机制代表性扩容。2019 年开启的信息安全开放式工作组机制与联合国信息安全政府专家组并驾齐驱的工作模式已经展现出扩大参与联合国信息安全政府专家组代表性的举措，通过信息安全开放式工作组将多利益攸关方纳入到联合国信息安全政府专家组关注议题的讨论中，一定程度上扩大了联合国机制的的参与代表性。但是联合国信息安全政府专家组机制无论

① Rodriguez M. Declaration by, Representative of Cuba, at the Final Session of Group of Governmental Experts on Developments in the Field of Information and Telecommunication in the Context of International Security, New York, June 23, 2017. Access to https：//www. justsecurity. org/wp – content/uploads/2017/06/Cuban – Expert – Declaration. pdf.

如何改革，都应当强调主权国家参与的基本原则。另一方面，也可以考虑适当的转变联合国信息安全政府专家组的职能。过去几届联合国信息安全政府专家组已经制定了足够多的规范，应当将重心转移到如何落实，而不是继续制定更多的规则。UNGGE 还应当加强对其他区域性组织以及双边合作的指导工作，扮演好顶层设计的角色。中国是联合国信息安全政府专家组的重要成员，参与了所有六届联合国信息安全政府专家组的工作，对联合国信息安全政府专家组的成果做出了重要贡献。中国的《网络空间国际合作战略》明确提出要加强联合国在网络空间治理中发挥重要作用。无论联合国信息安全政府专家组未来的改革走向何方，中国应继续支持联合国以及联合国信息安全政府专家组的工作。

第一，加强联合国信息安全政府专家组议题研究。针对当前联合国信息安全政府专家组存在的主要问题和国际法在网络空间的适用性问题，应当加紧研究。网络安全问题错综复杂，任何片面的观点都不能客观、全面地反映问题的实质。在网络空间进行防御并没有问题，大多数国家都建立相应的网络防御力量。但是在国际人道主义法框架下授予国家行使自卫权是否适用于网络空间则需要进一步加强研究，网络空间的低烈度冲突不断，军事和情报活动难以区分、军用与民用技术不分、国家与非国家行为体发动的攻击难以界定。这种情况下，国家轻易采取自卫权有可能会导致冲突升级和军事危机，并且会引起更多的附带伤害（collateral damage）。如何在国际法允许的情况下加强网络防御，需要结合国际法与网络冲突以及网络空间本身的属性来探索新的解决方案。

第二，继续支持联合国和联合国信息安全政府专家组的工作。中国应继续支持联合国以及联合国信息安全政府专家组网络空间国际治理中发挥重要作用。特别是在当前联合国信息安全政府专家组陷入困境、前景不明的情况下，中国应拿出更多的资源来推动联合国在网络事务上的影响力。欧美等国不顾广大发展中国家的利益，总希望绕开联合国，将其自身制定的标准推广为国际标准。但是联合国所拥有的合法性是任何区域性组织所不具备的，长期来看，联合国的地位依旧不可撼动，中国以及金砖国家应当承担起更多的责任，开展建设性的行动。把中国在网络空间治理上的成功经验逐步推广到国际社会，赢得更多国家对中国提出的国际互联网治理主张的支持和认同。同时，也是要通过网络空间国际治理工作为建立网络强国保驾护航。要做到这一点，就应当注重网络空间国际规则制定的基础性研究，充分发挥好政府、科研机构和智库之间的协同合作。

第三，积极推动落实联合国信息安全政府专家组已达成共识。在双边和区域层面加强对联合国信息安全政府专家组已有共识的落实，进一步增加联合国信息安全政府专家组的合法性和权威性。2013 年、2015 年联合国信息安全政府专家组报告中在建立信任措施、能力建设等方面取得的成果并没有很好地落实到实际中。中国可以与上合组织、欧盟、东盟，以及非洲国家等进一步加强在上述领域的合作。相比美欧之间的合作而言，中国目前主要的合作还是在上合组织层面，缺乏有实质性举措和影响力的网络安全国际合作项目。中国作为联合国信息安全政府专家组的重要成员，支持联合国信息安全政府专家组过去达成的共识也经过了反复权衡，认为符合我国家利益和战略需求。在这种情况下，进一步加强对联合国信息安全政府专家组报告的落实对于维护我国的网络安全乃至网络空间国际安全都有非常重要的意义。

小结

由于网络空间的战略性地位，规范形成进程并不会一帆风顺，联合国信息安全政府专家组的工作今后也面临着巨大的不确定性。整体而言，联合国的合法性和联合国信息安全政府专家组过去的工作都表明了联合国信息安全政府专家组的不可替代性。问题在于主要的大国既想通过联合国信息安全政府专家组来维护网络安全，又不愿意放弃谋取在网络空间的战略优势，由此导致了各方根本性冲突。但是网络空间的特点决定任何国家都无法追求绝对的安全，集体安全才是客观的需求。因此，联合国信息安全政府专家组已经制定的规范应当被逐步落实，并且在未来发挥更加重要的作用。

从被动适应到主动塑造：俄罗斯网络空间治理研究

蔡翠红　王天禅[*]

摘　要： 自冷战结束以来，俄罗斯是全球网络空间中的重要行为体，其网络空间治理框架和能力经历三个阶段的演化发展已渐趋成熟。通过对网络空间治理中的治理主体与治理理念的分析，可以发现俄罗斯网络空间治理从被动适应内外环境，转向主动塑造符合自身利益和能力的网络空间。这一转向趋势背后有地缘政治关系和国内技术、市场因素的作用，同时上述动因也为俄罗斯网络空间治理带来新变化。对于中国来说，与俄罗斯存在较大的合作空间，应当从双边和多边视角进一步探索二者推动网络空间治理议程的方法和路径。

关键词： 俄罗斯　网络空间治理　中俄网络关系

进入 21 世纪以来，网络空间与人类历史发展的融合进程不断加快。当前，人们对网络空间的依赖程度持续加深，包括政治、经济、社会和文化等各个领域都与网络空间产生联系并不断深入发展，网络空间逐渐演变成为信息社会发展的重要载体和对象，其对当今国

---

* 蔡翠红，复旦大学美国研究中心教授，博士生导师；王天禅，上海市美国问题研究所助理研究员。

际政治和国内治理的影响之大不言而喻。而随着大数据、人工智能、云计算、第五代通信（5G）等新兴信息通信技术（ICT）的快速发展，网络空间的应用场景也呈现指数级的增长态势，不仅推动了相关产业和数字经济的飞速发展，由此带来的网络空间安全、全球产业链和供应链风险等问题也成为各国与国际组织所共同关注的话题。此外，网络空间大国博弈所带来的冲击加剧了全球网络环境的脆弱性，也影响数字经济全球化的发展进程，同时推动各国网络空间安全政策的内向化趋势。可以说，网络空间全球治理与各国的国内网络空间治理进程的互动日渐频繁，而大国国内的网络空间治理理念和态势对网络空间全球治理也会产生深远影响。

就当前的网络空间来说，俄罗斯毫无疑问是其中重要的行为体之一。作为老牌技术强国的俄罗斯，其互联网技术的研发与应用开始于苏联时期。经历了冷战结束后的经济动荡和互联网技术发展浪潮之后，2000 年俄罗斯第一次发布《俄罗斯联邦信息安全学说》，随后逐渐形成了明确且具有体系性的网络空间治理框架。进入 21 世纪的第二个十年后，俄罗斯已经成长为全球网络空间治理中不可忽视的参与者，也是网络空间大国角力中的一方。目前，俄罗斯的网民数量达到 1.16 亿，位列世界第八；互联网普及率达到 81%，接近发达国家水平。[1] 俄罗斯一直以来都极为重视数字经济领域的发展，2018 年俄联邦通信和大众传媒部、经济发展部等部门联合提交关于新增"数字经济"工作方向的提案，以推动具体经济和社会领域的数字化。[2] 此外，俄罗斯作为联合国安全理事会常任理事国，在网络空间全球治理领域的话语权也不容忽视。

基于以上因素，对俄罗斯网络空间治理的历史、理念、特色，

---

① 数据来源：https：//www.statista.com/topics/5865/internet-usage-in-russia/。
② 《俄罗斯数字经济发展将添新方向》，中华人民共和国商务部，2018 年 1 月 11 日，http：//www.mofcom.gov.cn/article/tongjiziliao/fuwzn/oymytj/201801/20180102697373.shtml。

以及中俄在网络空间的关系与合作路径进行研究是十分有必要的。
首先，中俄都属于网络空间中的大国行为体，并且在网络安全认知
和网络治理理念方面存在巨大共识，俄罗斯的网络治理思想对我国
更好地投入国内外网络空间治理或有启发；其次，俄罗斯与中国同
样面对美国、欧盟等国家与国家集团在新兴技术、数字经济等发展
领域的竞争压力，对中俄合作路径的探索有利于我国更好地参与网
络空间全球治理进程。为此，该项研究应当是对当前全球网络空间
大国关系的有益探索，也是为推动网络空间全球治理构建更为全面
和深入的背景知识。

一、冷战结束以来俄罗斯网络空间治理的历史演变

20 世纪 80 年代末期，苏联开启了广泛的计算机化进程，但个人
计算机发展相对滞后。1990 年，苏联的信息和电信网络部署才正式
展开。"Relcom"（RELiable COMmunications）网络是苏联和俄罗斯
第一个计算机网络，于 1990 年 8 月在莫斯科的库尔恰托夫原子能研
究所（Kurchatov Institute of Atomic Energy）启动，它通过语音频带
调制解调器连接莫斯科、列宁格勒和新西伯利亚的科研机构。[①]
Demos 编程合作社（Demos Programming Cooperative）也是"Relcom"
网络的发起方，该合作社不久之后成为俄罗斯第一家互联网服务提
供商。1990 年 8 月 28 日，苏联与全球互联网的首次连接是从莫斯科
到赫尔辛基大学的拨号连接；同年 9 月 19 日，"Relcom"网络和
Demos 注册了苏联的顶级域名". su"，使得更多苏联城市和地区得

---

① Alexander Galushkin, "Internet in Modern Russia: History of Development, Place and Role," *Asian Social Science*, Vol. 11, No. 18, 2015, p. 305.

以加入全球网络。冷战结束之初，俄罗斯继承了苏联的人才和技术资产，同时摆脱了体制上的约束，互联网进入快速发展阶段。随着互联网在俄罗斯的应用逐渐普及，俄罗斯网络空间治理也应运而生。

（一）俄罗斯网络空间治理的萌芽时期（1990—2000 年）

1991 年苏联解体后，地缘政治壁垒的消失大大促进了俄罗斯在网络连接方式和先进数据传输技术领域的发展，信息通信技术得以在相当短的时间内取得重大突破。[①] 1992 年，"Relcom" 网络以"EUnet/Relcom" 为名在欧洲地区网络"欧盟网"（EUnet）上注册，自此俄罗斯网络活动开始出现小规模的活跃，个人用户、私营部门、技术社群、社会团体等开始通过互联网进行各类信息交流。[②] 1994 年，俄罗斯正式注册顶级域名".ru"，标志着俄罗斯正式加入全球网络。20 世纪 90 年代中期以后，俄罗斯的商业网络发展异常繁荣，例如 IASnet，Infocom，Interlink，Sovam Teleport 等各类私营部门的互联网公司层出不穷，主要涉及商业和通信服务领域。[③] 在 20 世纪 90 年代初的俄罗斯，大多数运行中的区域性非营利性计算机网络都是基于国家网络的节点而出现的，通常位于大学和研究机构中，网络的持续发展也主要归功于教育和科学组织、地方行政部门、商业电信公司提供的赞助商支持以及外资的支持。[④] 为了扩大信息交换和效

[①] Alexander Galushkin, "Internet in Modern Russia: History of Development, Place and Role," *Asian Social Science*, Vol. 11, No. 18, 2015, p. 305.

[②] 孙飞燕：《俄罗斯网络发展历程》，载《俄罗斯研究》2004 年第 1 期，第 83 页。

[③] Natlia Bulashova, Dmitry Burkov, Alexey Platonov, Alexey Soldatov, "An Internet History of Russia in 1990s," *Asia Internet History Projects*, April 7, 2012, https://sites.google.com/site/internethistoryasia/book1/an－internet－history－of－russia－in－1990s.

[④] Natlia Bulashova, Dmitry Burkov, Alexey Platonov, Alexey Soldatov, "An Internet History of Russia in 1990s," *Asia Internet History Projects*, April 7, 2012, https://sites.google.com/site/internethistoryasia/book1/an－internet－history－of－russia－in－1990s.

率以支持科学和教育网络的发展，1992 年成立了俄罗斯电子学术与研究网络协会（Russian Electronic Academic & Research Network，RELARN），该组织成为首批在科学和教育领域协调国家，即国家高等教育委员会（State Committee for Higher Education）和科技部支持网络发展的组织。

这一阶段俄罗斯网络空间治理的重点十分明确，主要有以下四个方面：

第一，对网络建设的投入逐渐增加。例如在 1995 年，由俄罗斯教育部资助的科研、教育网络中心——"俄罗斯联邦大学计算机网络"（Russia University Network，RUNNet）在圣彼得堡精密机械和光学学院建成；1996 年，俄罗斯财政部资助建立为高校和科研机构服务的"俄罗斯支柱网络"（Russian Backbone Network，RBnet），该网络主要协调科学教育领域四个主要部门，即科技部、教育部、科学院和俄罗斯基础研究基金会，以及国家通信委员会之间的活动。[①]

第二，开始重视信息安全问题。在 1991 年至 1995 年间，俄联邦总统和政府颁布了大约 240 余部与信息安全有关的法令和法规，通过这些法律文件将分属十个大类[②]的信息安全议题纳入国家安全的管理范围，从法理上确定了国家在保护信息资源安全方面的权力和责任，也为日后网络空间安全战略的形成奠定了基础。但是就法律法规本身来看，这一阶段的俄罗斯信息安全政策侧重于保护国家权力机关的利益，而公民和组织的信息安全保障则未得到足够重视。[③]

---

① 孙飞燕：《俄罗斯网络发展历程》，载《俄罗斯研究》2004 年第 1 期，第 83 - 84 页。

② 十类信息安全包括：（1）国家政权系统中的信息安全；（2）国防、国家安全、国内经济联系中的信息安全；（3）经济领域的信息安全；（4）科技发展领域的信息安全；（5）社会发展领域的信息安全；（6）法律秩序中的信息安全；（7）生态领域、居民的信息安全；（8）公民的信息安全；（9）企业、组织、机关的信息安全；（10）大众传媒的信息安全。

③ 肖秋惠：《20 世纪 90 年代以来俄罗斯信息安全政策和立法研究》，载《图书情报知识》2005 年第 5 期，第 85 页。

此外，俄罗斯国家杜马于 1995 年 2 月颁布了《信息、信息化和信息保护法》（《信息法》），该法作为调节信息领域关系的基本法，明确了信息资源在俄罗斯的法律地位。进入信息时代后，网络空间成为了信息资源最重要的载体，而《信息法》确立的保护信息资源安全的原则为俄罗斯对网络空间信息资源的保护奠定了法律基础。

第三，重视信息化与经济社会发展的融合。冷战结束后，俄罗斯经历了经济发展路径的根本转型，同时也认识到信息化在未来发展中的重要作用。为解决信息化与市场经济发展中的矛盾冲突，20世纪 90 年代初俄罗斯政府就颁布了《俄罗斯信息化和建设信息市场纲要》和《俄罗斯信息化（1993—1995 年）国家纲要》。此外，1998 年俄罗斯成立了俄联邦信息政策委员会，并于同年颁布了具有宏观指导意义的《国家信息政策纲要》。该纲要以建立信息社会为主要宗旨，提出了俄罗斯构建信息社会的政策要点和具体实施举措。[①]

第四，净化网络环境，打击网络犯罪。俄罗斯在此期间还加强了网络安全领域的立法，以适应网络活动的发展。《大众传媒法》规定："禁止将大众传媒用于刑事犯罪、泄露国家或其他法律特别保护的机密、号召夺取政权、武力改变宪法体制和国家完整、煽动民族、阶级、社会和宗教不满与仇恨、宣扬战争，及宣传淫秽、暴力思想。1997 年版《刑法典》第 28 章对于不正当调取计算机信息，编制、使用和传播有害的电子计算机程序以及违反计算机、计算机系统或网络使用规则的犯罪行为都明确规定了处罚对象和办法。俄罗斯针对网络盗版和侵权泛滥等情况出台了《计算机软件和数据库法律保护法》《著作权法》等法律，认定网络作品享受版权保护，以保护商业机构信息技术研发的积极性。

---

① 唐巧盈：《快速崛起、释放潜能——俄罗斯互联网发展与治理研究报告》，载《信息安全与通信保密》2017 年第 12 期，第 60 页。

此外，在市民社会参与网络空间治理与网络发展方面，1999 年11 月，俄罗斯互联网协会成立，该组织旨在推广互联网的使用，使俄语互联网合乎俄罗斯作为世界文化大国的地位，使互联网成为俄罗斯生活方式的重要部分。①

（二）俄罗斯网络空间治理的过渡时期（2000—2010 年）

进入 21 世纪后，俄罗斯的经济开始进入增长期，网络空间与社会、经济生活的融合程度也逐渐提高。同时，信息技术在国家、社会和个人各个活动领域的普遍应用给俄罗斯的网络空间环境带来了重大变化，为此俄罗斯在 21 世纪前十年迅速出台了一系列重要战略规划文件，勾勒出俄罗斯国家安全战略的基本思路，为网络空间治理方略的整体成形奠定了基础。② 在此背景下，俄罗斯对网络空间治理的重视程度也显著提高，本阶段俄罗斯网络空间治理进入过渡时期，为网络空间的各项治理领域打下坚实的法律和制度基础。

第一，提升对信息安全问题的重视，转变治理思路。2000 年第1 版《俄联邦信息安全学说》是俄罗斯历史上首份维护信息安全的国家战略文件，它的颁布标志着信息安全正式成为俄罗斯国家安全的组成部分。③ 在该份文件中，俄罗斯政府表明了对信息安全保障的目的、任务、原则和基本内容的看法和观点，是国家安全纲要在信息领域的发展。学说认为，随着信息技术的发展，"国家安全对信息安全的依赖关系将越来越突出，必须从法律、方法、科学技术和组织上完善信息安全保障。"学说确立了俄罗斯在信息领域的国家利

---

① 《俄罗斯互联网协会》，载《国外社会科学》2000 年第 3 期，第 94 页。
② 张孙旭：《俄罗斯网络空间安全战略发展研究》，载《情报杂志》2017 年第 12 期，第 6页。
③ 夏聘：《保障俄联邦国家信息安全的战略升级——俄新版〈信息安全学说〉解读》，载《中国信息安全》2017 年第 2 期，第 75 页。

益，提出了通过制定和实施法律作为调节网络空间利益关系的机制，培养信息领域人才，采取综合手段对抗信息战等保护信息安全的重要举措。

第二，为国内信息产业发展创造有利环境。21 世纪以来，俄罗斯政府通过出台信息产业发展战略规划、给予信息产业资金支持、制定税收优惠政策、鼓励创新发展等手段大力扶持本国信息产业发展。2008 年，俄罗斯制定的《俄联邦信息社会发展战略》提出，建设信息社会的优先方向之一是利用信息技术发展国民经济。① 2008 年，俄联邦安全会议批准了《俄联邦保障信息安全领域科研工作的主要方向》，明确了国家在信息领域的前沿科学技术研究重点，以及在开展应用和理论研究、试验设计工作中提供支持的原则。俄政府对信息产业发展的高度关注使俄信息产业进入发展快车道，为俄罗斯提升网络空间治理能力奠定了技术基础。

第三，夯实互联网监管的法律基础。进入 21 世纪后，网络空间的拓展和崛起为俄罗斯经济、社会的发展贡献了新的力量，也对网络空间治理形成了新的挑战，如网络攻击、网络犯罪活动等问题屡见不鲜。为此，2006 年 7 月俄国家杜马通过了新版《信息、信息技术和信息保护法》，该法明确界定了互联网领域的相关概念，并为后续立法所沿用；其次，该法明确了相关法律关系应遵循的原则，为俄罗斯相关互联网立法确立了标准；最后，该法重视对信息主体（尤其是公民）信息权利及信息的保护，为随后的俄罗斯互联网立法提供了思路。②

第四，网络空间战理念的兴起与初步实践。2000 年颁布的《俄

① 贺延辉：《〈俄罗斯信息社会发展战略〉研究》，载《图书馆建设》2011 年第 10 期，第 32 页。
② 李彦：《俄罗斯互联网监管：立法、机构设置及启示》，载《重庆邮电大学学报（社会科学版）》2019 年第 6 期，第 60 页。

罗斯联邦军事学说》指出，俄罗斯面对的军事政治环境的特点之一就是信息对抗的加剧。在2009年颁布的《2020年前俄联邦国家安全战略》中，俄罗斯再次强调当前世界的现状和发展趋势之一是"全球信息对抗加强""网络领域对抗活动样式的完善对保障俄国家安全利益产生消极影响"。2008年"俄格战争"中，俄军就尝试了这种全新的作战方式。战争爆发后，俄军对格鲁吉亚展开了强大的网络攻击，致使格鲁吉亚媒体、金融、通信和运输系统陷入瘫痪，机场、物流和通信等信息网络崩溃，直接影响了格鲁吉亚的社会秩序以及军队的作战指挥和调度。[①]

（三）俄罗斯网络空间治理的成熟期（2010年至今）

2008年金融危机之后，金融市场动荡加之通胀、失业、能源出口收入减少等因素，使得俄罗斯经济发展势头受挫，经济转型也面临巨大阻碍。[②] 2010年之后，俄罗斯面对的网络空间安全压力越来越大，除了遭受网络攻击的水平连年居高不下外，诸如"颜色革命"、恐怖主义活动等其他安全威胁因素也利用网络空间增强了现实威胁性。与此同时，俄罗斯数字经济也有了一定发展，在网络基础设施、智慧城市建设，以及数字技术的市场化应用方面都与世界整体趋势同步，但与主要网络大国之间仍有差距。在此背景下，俄罗斯从行政、外交、军事等多个角度加强对网络空间的管控，尤其是加强了政府在维护网络空间安全中的主导作用，并且对网络空间的基础设施、内容管理、安全保护和经济发展等领域都做了更为详尽

---

① 李丛禾：《21世纪联合作战中的网络力量运用》，载《现代军事》2015年第1期，第99
－100页。

② 胡仁霞：《金融危机对俄罗斯的影响及俄罗斯的应对措施》，载《俄罗斯中亚研究》2009
年第2期，第6页。

的规范与部署。经过前一阶段的铺陈与准备，该阶段俄罗斯的网络空间治理能力已趋于成熟。

第一，保护重要信息基础设施。2013 年，普京签署总统令授权俄联邦安全局建立监测、防范和消除计算机信息隐患的国家计算机信息安全机制，具体内容包括分析预测信息安全形势，评估国家重要信息基础设施抵抗网络攻击的防护水平，研究制定保护重要信息基础设施抵抗网络攻击的方法等，旨在将重要信息基础设施受到不可控干涉的风险降至最低。[①] 2016 年第 2 版《俄联邦信息安全学说》明确要求，提高重要信息基础设施的防护水平及确保它们在平时和战时功能发挥稳定，发展针对信息威胁的探测与预警机制及威胁出现后的后果清除机制。[②] 2017 年 7 月，《俄罗斯联邦关键信息基础设施安全法》正式出台，该法规定了确保俄罗斯关键信息基础设施安全的基本基础和原则，在关键信息基础设施的重要组成部分上防止网络事件的机制，以及国家机构和相关行为者在这一领域的权利和义务。[③] 出台保护重要信息基础设施安全的新举措，表明俄罗斯对维护网络空间安全的认识更为清晰。

第二，加强互联网监管。面对日益复杂化的网络空间环境，俄罗斯在其信息安全学说中提出了"国家机关应在公民自由交换信息和保障国家安全的必要限制之间保持平衡"[④] 的互联网治理原则，并采取了一系列措施强化对互联网的监管。首先，加强网络安全职能机构建设，以俄联邦安全委员会为核心，赋予联邦安全局、内务部、

---

① 谢亚宏：《俄罗斯维护网络安全不遗余力》，《人民日报》，2013 年 8 月 21 日第 21 版。
② 华屹智库：《俄罗斯信息安全战略发展及实施情况》，载《网信军民融合》2018 年第 11 期，第 65 - 66 页。
③ "Law on Security of Critical Information Infrastructure," *President of Russia*, July 27, 2017, http: //en. kremlin. ru/acts/news/55146.
④ "Doctrine of Information Security of the Russian Federation," *Security Council of Russia Federation*, December 5, 2016. http: //www. scrf. gov. ru/security/information/DIB_engl/.

通信与信息技术部等机构网络执法、网络监控、网络对抗等更广泛的职能。其次，加大网络安全审查力度，出台《禁止极端主义网站法案》《网络黑名单法》《知名博主管理法案》等网络安全法，加大对"推特"（Twitter）、"脸书"（Facebook）等社交媒体的监管力度，发展本国互联网监控系统，禁止利用互联网传播有关恐怖主义、煽动公众等有害信息。

第三，正式部署网络空间军事力量。俄罗斯总统普京曾指出，"各国在太空、信息对抗领域，首先是网络空间拥有的军事能力，对武装斗争的性质即便没有决定意义，也有重大意义"。[①] 为了实现俄军在网络空间活动的合法化，2011 年俄国防部颁布了《俄罗斯联邦武装力量信息空间活动的构想观点》，该文件明确了俄军在信息空间完成防御和安全任务的基本原则、规则和措施，确定了俄军在信息空间活动的合法性原则。[②] 随后为了加强俄军的网络对抗能力建设，2016 年版《俄联邦信息安全学说》提出，俄军要提高信息威胁应对能力，从战略上遏制利用信息技术引发的军事冲突。[③] 2017 年 2 月 22 日，俄国防部长绍伊古在国家杜马会议上正式承认俄军组建了具有在网络空间作战能力的信息战部队，[④] 表明俄军网络空间军事行动正式转入实施阶段。

第四，将网络安全提升到国家安全战略的层次。进入 21 世纪第二个十年后，俄罗斯连续在 2013 年和 2014 年公布了《2020 年前俄罗斯联邦国际信息安全领域国家政策框架》和《俄罗斯联邦网络安

---

① 《俄罗斯的"信息安全"PK 美国的"网络安全"》，国脉电子政务网，2017 年 3 月 27 日，http：//www.echinagov.com/news/47528.htm。

② 由鲜举：《俄罗斯信息空间建设的思路与做法》，载《俄罗斯中亚研究》2017 年第 5 期，第 54－55 页。

③ 张孙旭：《2016 年版〈俄联邦信息安全学说〉述评》，载《情报杂志》2017 年第 10 期，第 59 页。

④ 《目标更强大有力！俄罗斯宣布成立信息战新军》，新华网，2017 年 2 月 23 日，http：//www.xinhuanet.com/world/2017－02/23/c_129494209.htm。

全战略构想》两份重要战略文件，逐步明确维护国家网络安全的重点、原则和措施，政策指向清晰。① 在网络安全战略构想中，重点阐述了制定网络空间安全战略的必要性和适时性，明确了网络空间安全战略的原则，提出了维护俄罗斯网络空间安全的七个主要行动方向，即：采取全面系统的措施保障网络安全；完善保障网络安全的标准法规文件和法律措施；开展网络安全领域的科学研究工作；为研发、生产和使用网络安全设备提供条件；完善网络安全骨干培养工作和组织措施；组织国内外相关各方在网络安全方面开展协同行动；构建和完善网络空间安全行为和安全使用网络空间服务的文化。

明确数字经济的发展路径。普京总统在 2016 年 12 月的国情咨文中宣布，有必要构建通过信息技术来提高全行业数字经济。② 2017年，数字经济被列入《俄联邦 2018—2025 年主要战略发展方向目录》，5 月普京批准《2017—2030 年俄罗斯联邦信息社会发展战略》，7 月俄罗斯政府公布了由总理梅德韦杰夫签署的、由俄罗斯通信与大众传媒部等部委制定的《俄罗斯联邦数字经济规划》，明确了2018—2024 年发展数字经济的目的、任务、优先发展方向、政府各项相关政策的落实时间表和预期目标。③ 2019 年，俄罗斯联邦政府根据《2024 年前俄联邦国家发展目标与战略任务》进一步更新了《俄罗斯联邦数字经济规划》。2020 年 7 月 21 日，俄罗斯总统普京签署了该国发展之 2030 年国家目标的法令，明确了对俄罗斯未来十年数字化转型的规划。④

---

① 王桂芳：《大国网络竞争与中国网络安全战略选择》，《国际安全研究》2017 年第 2 期，第 30 页。

② 《普京在 2016 年国情咨文中宣布：俄将向数字经济过渡》，中国经济网，2016 年 12 月 8 日，http://intl.ce.cn/specials/zxgjzh/201612/08/t20161208_18509618.shtml。

③ 《俄罗斯出台数字经济规划》，中国科学院科技战略研究院，2017 年 10 月 16 日，http://www.casisd.cn/zkcg/ydkb/kjzcyzxkb/2017/201710/201710/t20171016_4873736.html。

④ 《普京签署总统令确定 2030 年前俄国家发展目标》，新华网，2020 年 7 月 22 日，http://www.xinhuanet.com/2020-07/22/c_1126268456.htm。

二、俄罗斯网络空间治理方略的演变：
从被动应对到主动塑造

从俄罗斯网络空间治理的发展历程来看，其治理方略的演变遵循以下两种逻辑：第一，从议题治理逐渐上升为国家综合治理，具体表现为其治理范围从信息安全领域发展为更加广泛的网络空间治理，包括信息化建设与数字经济等；第二，从应激式治理向主动塑造治理机制转变，在这一过程中，治理深度从构建经济社会层面的法律规范向融合国家整体战略发展。无论是治理议题的发展还是治理深度的提升，都体现出俄罗斯网络空间治理从被动应对向主动塑造转变的趋势。而造成这一趋势的重要原因，是俄罗斯以政府为主导的治理模式，以及基于国家主权的网络空间治理理念。

（一）以国家为主导的治理主体

俄罗斯在互联网治理方面采取了政府主导型治理模式，其核心在于通过立法和行政手段来发挥政府干预、塑造网络空间发展的作用。[①] 随着网络空间治理能力的提升，以及国家对网络空间安全与发展的重视，俄罗斯网络空间治理的主体在安全立法和经济发展方面的引领作用也得到加强。具体来说，俄罗斯网络空间治理主体发挥引领作用的路径有顶层战略设计、法律法规制定和治理机构设置三个方面。其中，顶层战略设计对具体规则的制定和机构设置有指导

---

① 郝晓伟、陈侠、杨彦超：《俄罗斯互联网治理工作评析》，载《当代世界》2014 年第 6 期，第 71 页。

作用，而规则与执行机构又确保了网络空间的安全和发展利益。三者之间具体逻辑关系如图 1。

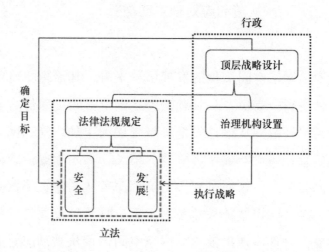

图 1　俄罗斯网络空间治理中顶层设计、法律法规制定与治理机构设置的关系
资料来源：笔者自制。

1. 顶层设计

俄罗斯政府于冷战结束后就开始进行信息安全法规的制定，21世纪以来，俄罗斯着手就更为广泛的网络空间治理构建制度框架。在这一过程中，俄联邦政府逐渐从应激式的治理模式，即根据互联网发展过程中产生的问题制定具体领域的政策法规，向主动构建治理框架来引领互联网发展转变。由此，俄罗斯在网络空间治理过程中开始发挥顶层设计的指导作用。具体来说，俄罗斯网络空间治理的顶层设计以安全与发展为主轴，通过指导性的战略文件和政策框架来明确和落实网络空间治理的核心利益。

在安全上，2000 年俄罗斯政府发布《俄联邦信息安全学说》，这是第一部有关国家信息安全的纲领性文件，阐明了俄罗斯在信息网络安全方面的立场、观点和基本方针，视信息安全为国家面临的重大挑战和外交政策优先任务。这一文件的出台表明，俄罗斯政府超越 20 世纪 90 年代中分散治理的路径，将信息安全提升到国家战略高度，将治理规划统一到国家层面，也为"构建未来国家信息政策大厦"奠定基础。[①] 随着俄罗斯内外环境的变化，尤其是地缘政治和网络空间大国博弈带来的外部压力，推动俄罗斯进一步加强在国际信息安全领域的战略设计与谋划。2013 年，俄罗斯政府发布了《2020 年前俄罗斯联邦国际信息安全领域国家政策框架》，确定了国际信息安全领域的主要威胁、俄罗斯联邦在国际信息安全领域国家政策的目标、任务及优先方向以及其实现机制。[②] 2016 年，第二版《俄联邦信息安全学说》问世，阐明了新时期俄罗斯在信息领域的国家利益及面临的主要安全威胁，确定了保障信息安全的战略目标和主要方向，并且在传统信息安全威胁之外将"颜色革命"、信息战以及网络恐怖主义等因素视为新的挑战，反映出新时期俄罗斯信息安全战略较大的发展和变化。[③] 2019 年 12 月，俄罗斯国家杜马通过《俄联邦通信法》和《俄罗斯联邦信息、信息技术和信息保护法》两部法律的修正案，使得日渐成熟的网络安全法律体系更趋完善。在信息安全领域，俄罗斯近年发布的一系列纲领性文件明确了战略威胁所在，制定了政策目标和实施路径，并突出了优先方向和重点领域，这无不凸显出其主动塑造符合自身利益的网络空间环境的趋势。

在发展方面，2002 年 1 月，俄罗斯政府批准了《电子俄罗斯（2002—2010 年）》联邦纲要，提出包括完善立法和管理制度、扩大

① 郎平：《网络空间安全：一项新的全球议程》，载《国际安全研究》2013 年第 1 期，第 136 页。

② 苏桂：《2020 年前俄罗斯联邦国际信息安全领域国家政策框架》，《中国信息安全》2014 年第 12 期，第 101 页。

③ 张孙旭：《2016 年版〈俄联邦信息安全学说〉述评》，载《情报杂志》2017 年第 10 期，第 56 页。

政府信息公开、加大研发投入、建设信息基础设施,以及发展电子贸易等在内的政策措施。[①] 2008 年 2 月,总统普京批准《俄联邦信息社会发展战略(2008—2015 年)》,明确了信息社会的发展目标、原则和主要方向。[②] 随着数字经济的发展,俄罗斯同样加紧在该领域布局。2017 年,普京总统批准了《2017—2030 年俄罗斯联邦信息社会发展战略》。同年,由俄罗斯通信和大众传媒部牵头,经济发展部、外交部、财政部、工业和贸易部、科学和教育部、政府专家委员会以及俄罗斯政府分析中心参与编制了《俄罗斯联邦数字经济规划》,从条件、路径、目标等方面入手对数字经济的内涵进行了界定,明确将数字经济视作经济生态体系,并从微观、中观和宏观角度阐述了数字经济的不同定位。[③] 2020 年 7 月,俄罗斯总统普京签署了《关于 2030 年前俄罗斯联邦国家发展目标的法令》,法令中将"数字经济"融入更为广泛的"数字化转型"进程,明确了对俄罗斯未来十年数字化转型的具体规划,其主要目标有三个方面:一是增加数字经济投入;二是建立安全可信的电信基础设施;三是推进国产软件的普及。[④] 在信息社会发展领域,俄罗斯自 21 世纪起就开始了统筹布局,从技术、基建、政策领域为信息社会发展提供了支持,并根据当前的发展阶段重新定义数字经济的内涵、发展目标和路径。不难发现,在此过程中俄罗斯的主动塑造能力得到进一步加强,形成了符合自身安全与发展利益的具体规划。

从上述战略文件和政策纲领中不难发现,俄罗斯总统及联邦政

---

① 贺延辉:《〈俄罗斯信息社会发展战略〉研究》,《图书馆建设》2011 年第 10 期,第 32 页。

② 华屹智库:《俄罗斯信息安全战略发展及实施情况》,载《网信军民融合》2018 年第 11 期,第 65 页。

③ 张冬杨:《俄罗斯数字经济发展现状浅析》,载《俄罗斯研究》2018 年第 2 期,第 132 页。

④ 《普京总统签署〈关于 2030 年前俄罗斯联邦国家发展目标的法令〉》,中华人民共和国商务部,2020 年 7 月 26 日,http://www.mofcom.gov.cn/article/i/jyjl/e/202007/20200702986313.shtml。

府通过一系列顶层设计对俄罗斯网络空间治理的利益目标、发展方向和具体路径进行了阐述，明确了国家在网络空间的重点事务和优先事项。需要注意的是，自20世纪末普京政府上台以来，俄罗斯在顶层设计上的重点领域就愈发明晰，其对信息安全和信息社会发展的规划也逐步落实，与20世纪90年代被动应对由互联网问题引发的挑战相比，有了明显的主动性。

2. 政策法规制定

自主可控的网络空间环境与信息技术是俄罗斯的核心治理诉求之一，也是俄罗斯当局在制定政策法规时秉持的基本原则。具体来说，"自主可控"有以下两层含义：第一，在网络空间的内容层和行为层上，网络空间中各行为体需要在法律框架下活动，权利关系明晰；第二，在网络空间的物理层与逻辑层上，信息通信技术自主可控，足以确保网络系统和国家安全。

在网络空间各行为体的权利关系方面，俄罗斯自20世纪90年代就开始了法律框架的建构。在这一阶段，为解决互联网技术应用及网络空间中的各类问题，俄罗斯颁布了《大众传媒法》《著作权法》《计算机软件和数据库法律保护法》《保密法》《通信法》《电子合同法》《电子商务法》《电子数字签名法》《产品和服务认证法》《参与国际信息交流法》《信息保护设备认证法》等法律法规，形成了系统化、多领域的网络空间治理法律体系。此外，1993年俄罗斯联邦宪法对于信息安全问题做了明确而有原则性的规定，在此基础上于1995年颁布《俄联邦信息、信息化和信息网络保护法》（下称《信息法》），并于2006年重新颁布。① 在2006年版的《信息法》中，重点解决了社会经济生活中关于信息资源的使用、信息技术的

———————

① 马海群、范莉萍：《俄罗斯联邦信息安全立法体系及对我国的启示》，载《俄罗斯中亚研究》2011年第3期，第19–20页。

创新和应用、信息及相关主体权利的保护等问题，并进一步奠定了后续互联网监管立法的基础，保障了互联网监管措施的有效实施。[①]

需要注意的是，2019 年俄罗斯国家杜马通过《俄联邦通信法》和《俄罗斯联邦信息、信息技术和信息保护法》两部法律的修正案，使得日渐成熟的网络安全法律体系更趋完善，也体现出俄罗斯国家层面对于网络安全、网络主权、信息化发展的长期战略思考。[②] 毋庸置疑，随着网络空间与经济社会事务的联系愈加紧密，俄罗斯的政策法规框架将愈加繁复，其调节各方权利关系、促进本国产业和技术发展，维护网络空间安全的能力也日渐加强，奠定了俄罗斯主动塑造网络空间治理方向的基础。同时，俄罗斯一系列政策法规中都突出了其追求自主可控的网络空间治理目标。

在自主可控的信息通信技术问题上，俄罗斯主要通过以下政策手段来达成目标：第一，出台信息技术产业发展战略规划以确定发展目标和路径，例如，2019 年编制完成的《2030 年前俄罗斯电子工业发展战略规划（草案）》中就明确新兴信息通信技术的发展路径和阶段安排；[③] 第二，为本国信息技术研发提供资金支持，例如在《2030 年前科技发展前景预测》文件中，俄罗斯政府计划 2020 年前将信息技术开发费用支出占国内生产总值（GDP）的比重将从目前的 1.2% 增长到 3%；第三，出台信息技术产业税收优惠政策以扶持本国企业发展；第四，提高外国投资本国信息技术产业的门槛，并限制外国信息产品或服务在本国的发展。[④] 通过上述举措，俄罗斯在

---

① 李彦：《俄罗斯互联网监管：立法、机构设置及启示》，载《重庆邮电大学学报（社会科学版）》2019 年第 6 期，第 60 页。

② 管晓萌：《俄罗斯网络安全领域最新法律分析》，载《情报杂志》2019 年第 11 期，第 50 – 51 页。

③ 《俄制定〈2030 年前俄罗斯电子工业发展战略规划〉草案》，中华人民共和国驻俄罗斯联邦经商参处，2019 年 8 月 16 日，http://ru.mofcom.gov.cn/article/jmxw/201908/20190802893706.shtml。

④ 朱峰、王丽、谭立新：《俄罗斯的自主可控网络空间安全体系》，载《信息安全与通信保密》2014 年第 9 期，第 72 – 73 页。

帮助国内信息通信产业获得发展所需的政策、资金支持之外，还逐步建立起以自主可控为导向的国家信息通信技术发展路径。

从俄罗斯在网络空间领域推出的相关政策法规来看，一方面对网络空间中的各利益方进行了权利关系的界定，另一方面着力加强国家的治理能力和手段，基本以加强监管和自主可控能力为目标。

3. 治理机构设置

自20世纪90年代以来，俄罗斯的网络空间治理机构随着国家对信息安全和信息社会建设等议题的关注度不断提高，以及网络空间在国家内政和外交领域的战略重要性不断凸显，经历了从单一领域的治理机构设置向综合治理机构设置的模式转变。在互联网发展的初级阶段，俄罗斯形成了以总统领导下的联邦安全会议和联邦政府为核心的治理框架，并在联邦安全委员会下设跨部门协调机构，即信息安全委员会。此外，联邦政府内以网络安全的职能部门为主要执行机构（参见图2）。

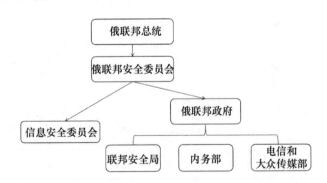

图2 初期俄罗斯网络空间治理机构设置

资料来源：笔者自制。

随着信息化的推进，俄罗斯网络空间治理的统筹协调部门和具体职能部门的规模和涵盖领域不断扩大，形成了涉及各领域的庞大治理架构。这一方面源于俄罗斯领导人一直以来的"强政府"治理理念，① 另一方面则是顺应了网络空间的发展趋势，表明网络空间治理从单一的安全领域向更为综合的国家全面治理发展。

2016 年版的《国家信息安全学说》中，就当前俄罗斯网络空间治理的机制框架进行了界定和划分。在治理主体方面，有俄罗斯联邦会议联邦委员会、俄罗斯联邦议会国家杜马、俄联邦政府、俄联邦安全会议、行政机构、中央银行、俄联邦军工委员会、俄联邦总统和政府设立的跨部门机构、俄罗斯联邦各组成实体的行政机构、地方政府和依照"联邦法"参与信息安全活动的司法机构（见图3）。② 从机构设置上看，当前俄罗斯网络空间治理的参与主体不断向上下游延伸，已经遍及从俄罗斯最高权力机构到基层政府的各个层级，形成完备的国家综合治理框架，为保证网络空间安全与发展奠定了坚实的制度基础。

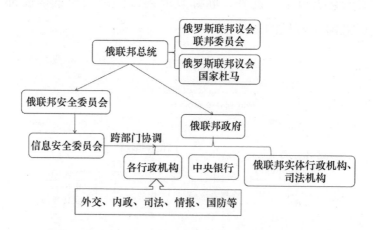

图3　2016 年《国家信息安全学说》中的机构设置

资料来源：笔者自制。

---

① 田春生：《论普京治理经济的理念与俄罗斯经济发展》，载《俄罗斯中亚东欧市场》2005 年第 6 期，第 3 页。

② "Doctrine of Information Security of the Russian Federation," *Security Council of Russia Federation*, December 5, 2016. http://www.scrf.gov.ru/security/information/DIB_engl/.

同时，随着治理能力的提升以及治理议题范围的不断扩大，俄罗斯对各机构应遵循的治理原则做出了明确规定。第一，明确各治理机构在网络空间事务中公共关系的平等性，以及其他所有参与者在法律上的平等都源于宪法所赋予的权利；第二，在处理网络空间相关事务时，政府机构、私营部门和公民之间应形成建设性互动；第三，应保持网络空间自由与国家安全之间的平衡；第四，确保应对网络空间各种威胁的能力和手段的充足；第五，各联邦及地方机构都应遵守公认的国际法原则和准则，以及俄罗斯联邦所加入的国际条约和俄联邦的法律。[①]

从顶层设计、法制框架和机构设置三方面入手，俄罗斯构建起以国家为主体，社会组织有限参与的治理架构。在这一过程中，俄罗斯的行政与立法机构不断适应互联网发展所带来的挑战与问题，形成了符合本国安全与发展利益的完备的制度、法律框架和治理模式。这充分表明，随着国家治理能力的提升，俄罗斯从被动应对网络空间治理问题，逐渐转向主动塑造网络空间环境、掌控治理方向和路径的模式。

（二）以信息安全为基础的不干涉主义治理理念

冷战结束以来，俄罗斯在内外环境作用下逐渐形成了有别于西方国家以价值观和意识形态为主导的治理理念。在俄罗斯看来，互联网治理、网络安全和媒体政策等并不是相对独立的议题，是建立在信息产生、流动与存储基础上的"信息安全"问题，[②] 而美国所

---

① "Doctrine of Information Security of the Russian Federation," *Security Council of Russia Federation*, December 5, 2016. http：//www.scrf.gov.ru/security/information/DIB_engl/.

② Nathalie Maréchal, "Networked Authoritarianism and the Geopolitics of Information：Understanding Russian Internet Policy," *Media and Communication*, Vol.5, No.1, 2017, p.29.

倡导的"网络空间"指的是物理层的基础设施与逻辑层的技术标准，忽视网络空间内容层以及更进一步的行为层治理。从俄罗斯发布的战略报告、政策文件与法律法规中也不难发现，俄罗斯一直未使用源于美国的"网络"（Cyber）与"网络空间"（Cyberspace）等说法，而是在不断充实、调整和完善网络安全政策以满足国家安全需要的过程中形成具有自己特色的网络话语体系。① 可以看出，俄罗斯在国内网络空间治理中更倾向于从信息的保护和监管出发，再延伸至网络空间的具体治理领域。

俄罗斯形成以信息安全为基础的治理理念，其内外因素有以下两个方面：

就外部来说，俄罗斯一直受到西方势力在地缘政治上的弹压，因此对政权的维系与经济、文化的安全较为重视。而互联网的发展使其与政治、经济和社会的融合愈加紧密，因而信息安全也自然成为俄罗斯的重要关切。另外，互联网本身特殊性造成的张力，即由美国等西方国家大量掌握的技术标准、产业链和基础设施等，也使俄罗斯的信息安全在面对西方势力的弹压时具有更明显的脆弱性。

就内部来看，俄罗斯政府"强权治理"模式体现出来的一大特点就是实用主义，对各种思想兼收并蓄，以俄罗斯现实为坐标，以解决问题为目的。② 在这一思路的推动下，俄罗斯形成了符合自身利益与能力的，以确保信息安全与发展自主可控信息技术为主轴的治理路径。但需要指出的是，俄罗斯领导人的个人经历在俄罗斯政府发展以信息安全为主旋律的网络空间治理理念时也起到了不可忽视

---

① 张孙旭：《俄罗斯网络空间安全战略发展研究》，载《情报杂志》2017 年第 12 期，第 8 页。

② 刘军梅：《强权治理、突破瓶颈、提高福祉——普京"富民强国"经济思想及政策主张分析》，《学术交流》2008 年第 5 期，第 66 页。

的作用。[1] 例如在 2000 年，上任仅一年的普京总统就发布了第一版《国家信息安全学说》，表明当时的俄罗斯政府已经对信息安全与信息社会建设的重要性有了深刻的认识和极强的紧迫感。[2]

基于对信息安全的重视，俄罗斯在国际层面也积极倡导带有不干涉主义色彩的治理理念。[3] 在俄罗斯看来，美国惯于利用互联网推翻"反对派力量太弱，无法发动抗议活动的国家"的政府，[4] 而由美国为首的西方国家所倡导的"开放""自由"等基于价值观和意识形态的治理理念正是这一行为的合法性来源。21 世纪初的"颜色革命"和中东变局进一步加剧了俄罗斯对信息安全的担忧，[5] 因此俄罗斯政府一边在国内出台互联网监管措施和与信息传递、存储和使用相关的标准与规范，不断加强对网络信息的管控力度，同时在国际上倡导网络主权原则，强调国家对数据和信息的管辖权。总体来说，俄罗斯倾向于奉行不干涉主义战略，在全球和地区层面都尊重主权规范，[6] 这也同样代表了俄罗斯在全球网络空间治理中的立场。

需要注意的是，当前国际社会已普遍承认数据主权的存在，但争议较大的是互联网内容在何种程度上、以何种方式被管控。[7] 而从新冠疫情暴发后网络空间中虚假信息与仇恨言论的泛滥情况来看，

---

① Nathalie Maréchal, "Networked Authoritarianism and the Geopolitics of Information: Understanding Russian Internet Policy," *Media and Communication*, Vol. 5, No. 1, 2017, p. 31.

② 贺延辉：《"俄罗斯信息社会发展战略"研究》，载《图书馆建设》2011 年第 10 期，第 31 页。

③ Nathalie Maréchal, "Networked Authoritarianism and the Geopolitics of Information: Understanding Russian Internet Policy," *Media and Communication*, Vol. 5, No. 1, 2017, p. 29.

④ Julien Nocetti, "Contest and Conquest: Russia and Global Internet Governance," *International Affairs*, Vol. 91, Issue. 1, 2015, p. 114.

⑤ Julien Nocetti, "Contest and Conquest: Russia and Global Internet Governance," *International Affairs*, Vol. 91, Issue. 1, 2015, p. 114.

⑥ Yulia Nikitina, "Russia's Policy on International Interventions: Principle or Realpolitik?" *PONARS Eurasia Policy Memo*, No. 312, February, 2014, https://www.ponarseurasia.org/sites/default/files/policy-memos-pdf/Pepm_312_Nikitina_Feb.2014.pdf.

⑦ 郎平：《主权原则在网络空间面临的挑战》，载《现代国际关系》2019 年第 6 期，第 45 页。

加强互联网内容监管将逐渐成为各参与主体进行网络空间治理时的倾向之一。

三、俄罗斯网络空间治理思路形成的动因

作为一个致力于国家复兴的传统强国，俄罗斯对国内和国际网络空间治理的思路与政策倾向，一方面受其面临的复杂地缘政治局势的结构性影响，另一方面也严重受制于自身的信息通信技术能力和数字经济发展水平。

（一）网络空间大国关系塑造了俄罗斯的网络空间治理观念

在俄罗斯的发展历程中，地缘政治和大国博弈始终是其内外政策制定的重要考量。尤其是近年来，俄美、俄欧与俄中三对网络空间大国关系发生了新变化，俄罗斯的威胁认知和敌友观也随之改变，进一步塑造和决定了俄罗斯网络空间治理的主导理念和重点领域。

在俄美关系上，二者之间战略对抗持续升级。因乌克兰危机而降至冰点的美俄双边关系并未因特朗普政府的上台而得到缓和，反而在"通俄门"和"黑客干预大选"等问题的刺激下持续恶化。特朗普政府出台的《国家安全战略报告》和《国防战略报告》中都将俄罗斯定义为战略竞争对手，对俄罗斯实施孤立与遏制政策。[①] 2017年8月《以制裁反击美国敌人法》（CAATSA）出台后，俄罗斯实体

---

① "National Security Strategy," *The White House*, December 8, 2017, https://www.whitehouse.gov/wp – content/uploads/2017/12/NSS – Final – 12 – 18 – 2017 – 0905. pdf; "National Defense Strategy," *The U. S. Department of Defense*, January 19, 2018, https://dod. defense. gov/Portals/1/Documents/pubs/2018 – National – Defense – Strategy – Summary. pdf.

和个人面临的制裁进一步扩大。此外，美国还通过出口管制工具对俄罗斯企业进行制裁，阻断俄罗斯与全球技术生态系统的交流。例如，2020 年 2 月 24 日，美国商务部工业和安全局（BIS）发布新规，扩大了美国对俄罗斯实施的防扩散相关的出口管制措施的范围，限制阀门、机床和机器人等多种工业产品，以及某些复合材料、电子产品生产技术等向俄罗斯出口。① 2020 年 4 月 27 日，美国商务部又限制俄罗斯以民用供应链为借口获取美国半导体生产设备和其他先进技术，并最终用于武器开发、军用飞机、侦查技术等军事用途。② 截至 2020 年 5 月 23 日，根据美国商务部 BIS 披露的清单数据，"实体清单"中共有 1353 家企业和单位，涉及 76 个国家和地区，其中俄罗斯有 320 家实体。③ 除了制裁手段，美国也加大了对俄罗斯的网络攻击力度，并已将可能造成严重损害的恶意软件植入俄罗斯电网系统内部。④ 同时，俄罗斯根据不断提高的网络安全威胁，进行了"断网"测试，以应备大规模网络攻击导致与全球互联网中断的情况。上述政策举措与双边互动都提高了俄罗斯在网络空间治理领域对安全的追求和重视。

在俄欧关系方面，体现出竞争与合作并存的两重性。在地缘政

---

① Brian Egan, Peter Jeydel, "Commerce Expands US Export Controls on Russia and Yemen," *Steptoe*, February 26, 2020, https://www.steptoe.com/en/news-publications/commerce-expands-us-export-controls-on-russia-and-yemen.html?

② "Commerce Tightens Restrictions on Technology Exports to Combat Chinese, Russian and Venezuelan Military Circumvention Efforts," *The U.S. Department of Commerce*, April 27, 2020, https://www.commerce.gov/news/press-releases/2020/04/commerce-tightens-restrictions-technology-exports-combat-chinese-0.

③ 艾熊峰：《谁在美国的"实体清单"当中——中美经贸系列报告（一）》，国金证券研究所，2020 年 5 月 29 日，https://mp.weixin.qq.com/s?src=11&timestamp=1608171429&ver=2771&signature=ZWoEaiTrGc61ITL-DVYWjzdO7RkxSL8MYRzUiYqW0gSudylAdt8IqgMJkLkV3szanlDJc4cau4LPtf8z4uBog4OmX-kWAdXgPwJ-fNZO8*WVtEs*P-5liZstt6jJfQyIL&new=1。

④ 温家越：《〈纽约时报〉：美国加大对俄罗斯网络攻击力度》，环球网，2019 年 6 月 16 日，https://world.huanqiu.com/article/9CaKrnKkXoM。

治层面，欧盟仍然视俄罗斯为"关键的战略挑战"，[①] 但也与俄罗斯开展务实合作。例如，2014 年乌克兰危机爆发后，欧盟仍保持与俄罗斯的政治对话，并且德国与欧盟顶住美国压力与俄罗斯进行能源项目的合作。[②] 2016 年《欧盟外交与安全政策的全球战略》称"俄罗斯违反国际法和乌克兰的动荡不安，外加在更广泛的黑海地区长期冲突，都在挑战欧洲安全秩序的核心"。[③] 然而 2020 年，在德法两国主导下，欧洲委员会恢复了俄罗斯的成员国地位。在网络空间和数字技术领域，俄欧之间也呈现出竞争与合作并存的状态。一方面，俄罗斯与欧盟之间以网络攻击作为政治攻击手段和军事打击的延伸。例如，2020 年 8 月，欧盟决定以网络攻击为由对俄罗斯进行单边制裁。[④] 另一方面，俄罗斯与欧盟在科技创新方面建立了持续的合作机制。欧盟与俄罗斯在研究和创新领域的合作基础是 1997 年《伙伴关系与合作协定》，涵盖了 ICT、电子基础设施、纳米技术等众多民用科技研究领域，且不受政治制裁的影响。2019 年 4 月，欧洲议会投票决定将欧盟与俄罗斯的科技合作期限延长五年。

在网络空间中，俄罗斯与中国的合作关系是全面和深入的。在中国"一带一路"建设和俄罗斯"欧亚经济联盟"建设对接合作框架下，中俄两国在包括数字经济在内的合作领域有着广泛的共同利益与巨大的合作空间。[⑤] 2015 年，中俄两国政府签署了《中俄关于丝绸之路经济带建设和欧亚经济联盟建设对接合作的联合声明》；

---

① 张健：《美俄欧中互动：欧盟角色及其政策取向》，《现代国际关系》2019 年第 2 期，第 12 页。

② 李扬：《乌克兰危机下俄欧能源关系与能源合作：基础、挑战与前景》，载《俄罗斯中亚研究》2015 年第 5 期，第 26 页。

③ "Shared Vision, Common Action: A Stronger Europe," *European External Action Service*, June 2016, https://eeas.europa.eu/archives/docs/top_stories/pdf/eugs_review_web.pdf.

④ 《俄外交部表示——将对欧盟制裁进行反制》，《人民日报》，2020 年 8 月 6 日第 17 版。

⑤ 《中华人民共和国和俄罗斯联邦关于发展新时代全面战略协作伙伴关系的联合声明》，人民网，2019 年 6 月 6 日，http://politics.people.com.cn/n1/2019/0606/c1001-31123545.html。

2016 年，两国政府签署了《关于信息空间发展合作的联合声明》。2019 年，两国又在新时代全面战略协作伙伴关系的基础上，将中俄高技术和科技创新合作作为两国经贸关系中的优先发展方向和系统性要素之一。此外，中俄在包括 5G、人工智能、机器人技术、生物技术、新媒体和数字经济等科技创新领域的合作具有广阔的前景。

在上述三对地缘政治关系的影响下，俄罗斯网络空间治理的思路产生了以下变化：

一是更加坚定地维护信息安全。在 2015 年 12 月修订的《俄罗斯联邦国家安全战略》中指出，"俄罗斯国家安全面临的新威胁具有综合的、相互联系的性质。俄罗斯奉行独立的内政外交政策遭到了试图保持自己在国际事务中统治地位的美国及其盟国的反对与阻挠，美国及其盟国实施了遏制俄罗斯的政策，对俄罗斯施加政治、经济、军事与信息压力。"① 从这一角度来看，俄罗斯对外部环境的认知依旧十分悲观，这也促使俄罗斯不断加大对自身安全的投入。

二是加快构建自主可控的网络空间环境。俄罗斯认为全球网络空间对抗的加剧对大国关系和国际局势产生巨大影响，尤其是对当前处于舆论和技术劣势地位的俄罗斯来说，保护关键信息基础设施安全，确保信息技术的自主可控，维护网络空间主权和安全尤其具有迫切性。同时，加强网络审查和管控，防止西方通过网络空间进行"颜色革命"是俄罗斯维护国家安全的重要任务。

三是强调"欧亚经济联盟"与发展同中国的全面战略协作伙伴关系。在中俄之间广泛开展的技术研发与创新合作，既是双边关系不断深化带来的积极效应，同时也为俄罗斯本土的产业发展、技术迭代、市场拓展等带来了新动力。此外，中俄在全球网络空间治理

---

① "О Стратегии национальной безопасности Российской Федерации," *Президента Российской Федерации*, Dec 31, 2015, http://static.kremlin.ru/media/acts/files/0001201512310038.pdf.

中的合作也为两国提升双边关系，开展多层次的网络空间治理合作提供了契机。

（二）技术和市场因素决定了自主可控的信息技术发展战略

除了外部因素造成的结构性成因外，俄罗斯自身的技术和市场因素也对其网络空间治理思路的形成具有重要影响。在当前 5G、人工智能、云计算、物联网等新兴技术不断更新换代的新形势下，数字经济迎来了诸多发展机遇。然而对于受到美欧外部制裁的俄罗斯来说，其数字经济的发展面临如下严峻挑战。

第一，本土信息产业的竞争力不足。有竞争力的信息安全技术和产品不足，国家给予信息安全产业的政策扶持力度不够，致使部分电子设备、软件、处理技术和通信设备受制于其他国家，使信息技术能力不足成为"影响信息安全形势的主要消极因素。"[①] 与此同时，在俄罗斯与西方国家关系进展困难，西方对俄罗斯制裁持续不断的背景下，俄罗斯包括数字技术在内的高技术进口将持续遭遇封堵，对俄罗斯新技术产业链安全构成威胁。

第二，技术研发投入长期不足。据世界银行预测，由于新冠病毒大流行和油价下滑的压力，俄罗斯经济 2020 年预计 GDP 下滑 6%，[②] 这对长期面临财政收入不足的俄罗斯来说更是雪上加霜。而俄罗斯新技术产业研发投资很大程度上依赖国家支持，每年实施数字经济规划的预算资金将不可避免地受到经济和财政状况的影响，甚至迟滞俄罗斯数字经济国家规划项目的实施和进展。

---

① 高际香：《俄罗斯数字经济战略选择与政策方向》，载《欧亚经济》2018 年第 4 期，第 86 页。

② Gabrielle Tétrault - Farber, Andrey Ostroukh, "Russian economy will shrink 6% in 2020, World Bank forecasts," *Reuters*, July 6, 2020, https：//www. reuters. com/article/idUSL5N2EB042.

第三，关键技术和产业发展受到美国打压。美国针对俄罗斯入侵乌克兰，干涉美国选举，恶意网络活动，侵犯人权，使用化学武器，武器扩散，与朝鲜、叙利亚和委内瑞拉的非法贸易等理由，对俄罗斯实施了大量经济和技术制裁，尤其限制了俄罗斯关键技术和产业的发展。比如，受到美国出口管制等技术封锁和经济制裁的影响，俄罗斯半导体产业基础薄弱。2019 年俄罗斯领先的半导体企业 Angstrem 宣布破产，其直接原因是因为 2016 年美国因乌克兰事件对其实施制裁，将其纳入"实体清单"。

在上述技术发展短板的影响下，俄罗斯相关产业发展和数字经济的成长面临极大掣肘。而这又进一步影响到俄罗斯发展自主可控信息技术的目标，甚至导致俄罗斯错失这一轮数字经济发展的机遇。毫无疑问，这一技术和市场上的挑战将不断推动俄罗斯当局对信息安全和自主可控技术的追求。

四、探索中国与俄罗斯在网络空间治理领域的合作

网络空间是中俄战略合作的重要领域。尤其是近年来网络安全事件频发，不仅影响无数被病毒感染或被黑客攻击的企业和个人，还开始影响社会稳定和政治生态。加之地缘政治和新冠肺炎疫情等非网络因素的影响，网络空间已经成为大国博弈的核心要点，也是大国战略合作的重要领域。

（一）中俄在网络空间中的合作基础

中俄在网络安全领域的合作日益深化，这不仅基于中俄长期友好的战略基础，也因为中俄对网络安全看法相近，对网络安全威胁

来源有高度共识，对网络空间治理目标也有相似观点。具体来说，中俄在网络空间领域的合作基础有以下几个方面：

第一，在互联网发展和网络空间领域，两国有相似的处境和诉求。这是双方进行网络空间治理协作的现实基础。更重要的协作基础还在于两国政府对"网络主权"的认知存在共识，也都比较倾向于政府主导的"多边主义"的网络空间治理机制。对网络空间的属性问题，美国等信息强国认为网络空间是"公共领域"，因此对"网络主权"持否认或暧昧态度。与此形成反差的是，中国和俄罗斯认为网络空间是国家主权的新领域，是国家主权在网络空间的延伸，因而坚持"网络主权"如国家领土一样神圣不可侵犯。

第二，对于网络空间全球治理的机制问题，中国和俄罗斯长期以来坚持主权国家对互联网治理的主导地位，赞同全球互联网治理制度回归以联合国为主导的政府间国际组织治理模式。2008 年，在印度海德拉举行的互联网治理论坛（IGF）上，中国对该机构没有采取行动解决信息社会世界峰会（WSIS）的相关议题表达了不满，问题的核心就在于是否需要政府管理互联网资源。2011 年和 2015 年，中俄等国在《信息安全国际行为准则》中，提出"重申与互联网有关的公共政策问题的决策权是各国的主权"。[①]

第三，中俄两国在网络信息技术和安全领域面临巨大的危机，具有保障国家网络安全和参与全球网络空间治理的强烈意愿。同为新兴国家，中国和俄罗斯虽然在某些尖端技术领域拥有优势，但是在信息网络的核心技术、关键设备和操作系统上的自主研发能力方面与美国等信息强国还有差距，网络安全的自主可控性薄弱，因而，其网络安全的隐患也更加突出。基于这种现状，两个国家都非常重

---

① 《网络主权：理论与实践（2.0 版）》，中国网信网，2020 年 11 月 25 日，http：//www.cac.gov.cn/2020 – 11/25/c_1607869924931855.htm。

视网络安全问题。俄罗斯出台了《俄罗斯信息安全战略》，中国则发布了《国家网络空间安全战略》，都把信息安全、网络安全置于国家战略的高度。

中俄两国政府在网络空间属性原则问题上有共识，对于网络空间治理的机制选择也比较接近。而且中俄两国都有突出的网络安全问题，两国政府都非常重视网络安全能力建设。有这样的现实基础和基本共识，中俄两国之间才存在进一步加强合作的空间，以提高两国在全球网络空间治理的制度性话语权，致力于构建全球网络空间新秩序，保障国家和个人网络信息安全，以打造"和平、开放、安全、合作、有序"的网络空间。

（二）中俄网络空间治理合作的路径

2019 年，中俄结成"新时代全面战略协作伙伴关系"，为两国进一步开展网络空间治理合作创造了良好的战略环境。然而，这一合作态势仍然面临一些挑战，尤其是新冠肺炎疫情暴发之后，双方还有许多努力的国际国内空间。

从双边关系角度出发，中俄应在战略协作伙伴关系基础上将网络空间治理合作下沉至微观的层面。

第一，切实落实已经签署的双边网络安全协议，并细化具体合作面。中俄已签相关协议的落实情况和协议的有效性将受到全球关注，同时网络空间的多行为体性质也使协议的有效管控面临挑战。因此，中俄的下一步挑战是细化落实已有协议，加强网络空间领域的科技合作和共同研发，加大信息交流、经济合作等具体合作面。

第二，从战略表态推进到各个具体职能部门之间的机制性和实质性合作协调。中俄已经签署了几个重要战略协议，但是也不乏观点认为这些协议还停留在高层之间的战略表态上。因此，可以考虑在中俄的具体职能部门（如司法部门）之间开展进一步的机制性合作协调。这些惠及民生的具体措施也可有力驳斥西方部分观点认为的中俄网络空间合作是完全基于对抗美国霸权的说法。

第三，通过签署政府不支持商业窃密等协议进一步加强中俄在网络空间的互信。虽然中俄的相关协议宣示了中俄之间的高度互信，但是最近俄罗斯方面对于来自中国的黑客攻击的大量报道说明中俄之间依然存在广泛不信任。中国已经和德国、英国和美国签有政府相互不支持商业窃密活动的协议，因此，中俄之间也可以进一步签署类似协议以加强互信。

从全球网络空间治理的角度出发，中俄的合作关系可以向更大范围拓展，尤其是在新冠肺炎疫情造成的诸多治理问题，以及地区乃至全球数字化发展等领域。

首先，利用互补合作力量共同应对各类网络安全威胁。新冠肺炎疫情暴发之后，全球非传统安全问题引起了广泛关注，中俄也面临类似的网络安全威胁。为此，双方需要加大合作力度以应对新时期的网络安全威胁，倡议在联合国框架下研究建立应对合作机制，包括研究制定全球性法律文书，推进对口部门之间的机制、信息和经验交流等。

其次，共同推进数字丝绸之路的建设。"一带一路"是中国推动的区域合作倡议，数字丝绸之路则是"一带一路"建设的重心之一。中俄能够共同合作推进数字丝绸之路建设，共同向区域国家提供网络安全和信息化发展协助，弥合数字鸿沟，推进数字丝绸之路的建设。

最后，继续推进网络空间全球治理新秩序。作为举足轻重的网络大国，中俄需要继续加强在联合国、国际电联、上海合作组织、金砖国家、东盟地区论坛等全球和地区机制下的合作，提高国际话语权和规则制定权，共同致力于构建和平、安全、开放、合作的国际信息环境，建设多边、民主、透明的全球网络空间治理体系。

全球网络安全产业发展报告（2020）[①]

惠志斌　李　宁[*]

摘　要： 数字经济时代，网络安全威胁不断严峻，网络安全产业成为各国的战略新兴产业，主要国家日益重视本国网络安全产业的创新发展，全球网络安全产业竞争日趋激烈。本报告对全球以及主要国家网络安全产业现状进行详细分析，并对网络安全产业格局进行展望。

关键词： 网络安全　数据安全　自主创新　产业竞争

一、全球网络安全产业概述

近两年，全球网络安全产业依旧保持高速发展。据全球著名 IT 咨询公司 Gartner 的数据显示，2018 年全球网络安全产业规模达到 1119.88 亿美元，预计 2019 年将增长至 1216.68 亿美元。从增速上看，2018 年全球网络安全产业增速为 11.3%，创下自 2016 年以来

---

①　本文原收录于《数字经济蓝皮书——全球数字经济竞争力发展报告（2020）》，社会科学文献出版社，2020 年 11 月版。

*　惠志斌，上海社会科学院互联网研究中心主任，研究员，上海赛博网络安全产业创新研究院首席研究员；李宁，上海赛博网络安全产业创新研究院博士。

的新高。① 行业发展驱动因素包括政府对网络安全的监管、日益增长的网络威胁和越来越普遍的数据服务，约束因素主要是用户安全意识、产品可用性和服务可到达性。

（一）全球网络安全产业发展不均衡

目前，从全球网络安全产业发展区域分布来看，存在发展的不均衡现象。其中北美地区继续占据全球网络安全市场的最大份额，其次为西欧和亚太地区。据中国信通院发布的《中国网络安全产业白皮书（2019）》显示，以美国、加拿大为主的北美地区 2018 年网络安全市场规模为 500.1 亿美元，占全球网络安全市场规模总额的 44.66%，占比接近一半；以英国、德国、芬兰等国家为主的西欧地区的网络安全市场规模为 293.62 亿美元，占全球的比例为 26.22%；中国、日本、澳大利亚等亚太地区网络安全市场规模为 245.81 亿美元，在全球的占比为 21.95%。其他地区的网络安全产业发展相对滞后，产业规模较小。

图 1　全球网络安全市场规模区域分布

---

① 《中国网络安全产业白皮书（2019）》，中国信息通信研究院 2019 年 9 月发布。

（二）各国高度重视网络安全产业发展

随着全球网络威胁态势日益严峻，网络犯罪黑客组织、由国家支持的网络行为者不断在全球网络空间实施网络攻击行为，各国高度重视网络安全能力建设，纷纷制定国家网络空间安全战略，同时强调发展网络安全产业的重要性，制定多项产业促进政策推动产业快速发展。除美国、以色列先于其他国家大力推动网络安全产业发展外，近几年英国、韩国、日本、印度以及中国台湾地区都纷纷制定网络安全产业促进政策，力求快速推动网络安全产业发展壮大。2018年3月英国发布《网络安全出口战略》，旨在促进本国网络安全产品和服务的出口规模，推动本国网络安全产业发展。印度制定的网络安全产业发展目标为：到2025年，印度网络安全产品和服务的全球市场规模达350亿美元，企业数量达1000家，网络安全专业人才达100万。2019年4月韩国发布首部《国家网络安全战略》，将促进网络安全产业发展作为六大基本任务之一。

（三）产业对网络国防支撑作用日益突出

当前，网络战成为国家间对抗和实现政治目的的重要手段之一，甚至成为优先选择的手段。网络战随时都可能会发生，并且攻击对象不分军用民用，电网、轨道交通、核设施等民用关键基础设施成为近年来网络战的重要攻击对象。2019年3月，委内瑞拉遭受网络攻击，导致连续两次大范围停电。同时，大规模的勒索病毒攻击可导致工厂、物流、医院、金融等各行各业停摆，造成重大经济损失，甚至可能造成人员伤亡。网络安全产业作为网络安全产品和服务的提供者，可为政府、企业、关键基础设施和公共服务部门抵御各类网络攻击提供网络防御能力，并能通过技术创新支撑军用设施网络防御和网络国防能力建设。因此，网络安全产业作为网络安全技术创新的重要来源和网络国防的重要支撑，在国家网络防御能力建设中发挥着越来越重要的作用。

（四）以攻防对抗为技术发展趋势

在全球网络空间安全领域，越来越多的细分领域都以攻防对抗能力为主要技术创新方向和技术创新驱动因素。在网络攻击方面，Microsoft、Google、IBM、Cisco、Symantec、FireEye、CheckPoint、Palo Alto Networks、Kaspersky 等美国科技巨头和网络安全巨头持续跟踪全球黑客攻击行为，定期发布威胁报告，并根据网络威胁态势及时调整安全策略和安全产品，研发安全技术；在网络防御方面，Apple、Microsoft、Google 等科技公司接连发布漏洞赏金计划，利用白帽群体挖掘各自系统中的漏洞，持续完善系统安全性。同时，漏洞赏金平台近两年也发展迅速，国内外出现了多个提供该类平台服务的公司，为众多企业提供众包漏洞挖掘服务，包括国外的 Synack、HackerOne、Bugcrowd、Cobalt，以及国内的漏洞盒子、漏洞银行、零 Bug、SOBUG 等，其中，HackerOne 2019 年 9 月获 3640 万美元 D 轮融资。

（五）工控安全作为新兴产业领域发展迅速

电力、能源、轨道交通等关键基础设施以及石化、航空航天、汽车制造等工业领域存在大量的工业控制系统，由于此前与外部网络隔离，因此安全设计缺位，安全防护能力低。随着全球针对关键基础设施以及工业领域的网络攻击不断升级，工控安全作为网络安全产业新兴细分领域迅速发展，国内外涌现了大批专注工控安全的网络安全初创企业，传统网络安全厂商也将工控安全作为新兴市场积极进行业务拓展，此外，工业自动化软硬件供应商也通过设立安全部门或收购工控安全初创厂商增强产品安全能力。当前，工控安全是各国网络安全战略的重中之重，安全需求极为紧迫，但目前安全技术亟待发展，安全人才严重缺乏，安全意识存在不足，各国工控安全产业仍处发展初期，产业规模较小。

二、主要国家网络安全产业分析

（一）美国：全球网络安全产业领导者，与网络国防形成相互支撑

1. 美国网络安全产业发展情况

美国是全球网络安全创新和产业发展最发达的国家。北美地区是全球网络安全市场规模占比最高的地区，占比达全球的近一半，其中美国网络安全市场规模在北美地区中的占比达一半以上，① 是全球网络安全市场规模最高的国家。美国网络安全产品和服务出口额在全球位列第一。美国网络安全公司积极拓展海外市场，欧洲、亚太等地区主要的网络安全产品和服务进口来源于美国。美国网络安全领域投融资交易数最多，交易总额最高，兼并购最活跃。2018 年至 2019 年底，美国网络安全企业融资笔数达 505 起，并购数达 130 起，② 是全球网络安全领域资本市场最活跃的国家。

目前，美国网络安全产业主要集中在西部的加州硅谷地区、东

---

① https：//www.marketwatch.com/press－release/north－america－cyber－security－market－by－industry－type－by－brand－and－major－players－2018－2023－2019－09－17.

② Crunchbase 数据库。

部的麻州波士顿地区以及大华盛顿地区 3 个区域。① 其中，硅谷地区是网络安全创新重点区域，在 Cybersecurity Ventures 评选的全球网络安全 500 强企业中，有 126 家公司来自硅谷，② 大量风险投资和私募投资为该地区网络安全创业提供了充足的资金支持。大华盛顿地区包括华盛顿特区、马里兰州和弗吉尼亚州北部，该地区聚集了美国国防部、中央情报局、国家安全局、国土安全部、网络司令部等众多政府机构、情报部门和军事部门，为该地区网络安全产业发展提供了充足的网络安全需求，催生了产业聚集区的形成。

美国网络安全产业由多个层次组成。一类是 Microsoft、Cisco、IBM 等美国科技巨头，这类企业都拥有完整的网络安全产品线和服务，借助庞大的客户群体，在全球网络安全市场占有重大份额。同时，通过收购、投资等渠道不断吸收全球最先进的网络安全技术，这些大型跨国科技巨头无论在创新资源整合，还是产品集成方面，都具有先天优势。第二类是 Symantec、McAfee、Trend Micro 等网络安全巨头，这类厂商起步较早，从研发杀毒软件起家，经过多年发展和持续地兼并重组，其产品跨度已经形成完整的从流量到端的解决方案能力，产品用户覆盖全球。③ 第三类是 Fortinet、Palo Alto Network、Fireeye 等专业安全厂商，这类厂商凭借创新的产品概念异军突起，均创造出了网络安全细分市场。第四类是各类初创企业。美国新兴企业与新兴技术此起彼伏，新企业、新技术、新产品不断涌现，在全球网络安全技术创新中是引领者。

美国网络安全产业之所以在全球处于领导者地位，可以归结为

---

① 冯虎：《美国马萨诸塞州网络安全产业生态系统探析》，载《全球科技经济瞭望》2018 年第 3 期。

② Cybercrime Magazine："Cybersecurity 500 By The Numbers：Breakdown By Region，" 2018，https：//cybersecurityventures.com/cybersecurity – 500 – by – the – numbers – breakdown – by – region/.

③ 《美国网络空间安全产业格局分析》，2018 年 5 月，https：//www.sohu.com/a/279719212_585300.

四个因素：一是强大的创新能力。美国在 IT 和软件领域基础本来就雄厚，同时在网络安全领域具有对新威胁的敏锐把握，丰富的产品想象力，迅速的单点核心技术突破，并具有形成新形态品类的能力。二是庞大的市场需求。美国通过立法激发了本国联邦机构的网络安全需求，如表 1 所示，美国近五年来联邦网络安全支出占 IT 支出的比例都高于 16%。三是依靠全球市场。美国在欧洲、澳大利亚、加拿大、日本、韩国、印度、中国台湾等国家和地区都拥有非常高的市场份额，这些国家和地区的网络安全进口主要来源于美国。这为美国网络安全企业提供了更广阔的市场空间。四是活跃的资本力量和成熟的资本市场。美国资本市场对网络安全产业的热情很高，为初创企业注入了大量资金，在产业发展中起着举足轻重的作用。

表 1 美国联邦网络安全支出与 IT 支出历年数据（单位：十亿美元）

财年	2006	2007	2008	2009	2010	2011	2012	2013	2014	2015	2016	2017	2018
网络安全支出	5.5	5.9	6.2	6.8	12.0	13.3	14.6	10.3	12.7	13.1	14.0	12.8	14.98
IT 支出	66.2	68.2	72.8	76.1	80.7	75.4	75.7	73.2	75.6	80.4	82.8	78.4	83.4
网络安全占 IT 总支出比例（%）	8.3	8.7	8.5	8.9	14.9	17.6	19.3	14.1	16.8	16.3	16.9	16.3	17.9

2. 美国网络安全产业与网络国防的关系

美国强大的网络安全产业与网络军事能力、网络国防能力已形成相互支撑的关系。

一方面，美国网络安全企业为美国军事机构提供网络安全技术、产品和服务支持。首先，大量美国网络安全企业为美国国防部、情报部门、网络司令部等国家部门提供网络防务承包服务，既包括 Lockheed Martin、Raytheon、Booz Allen Hamilton、ManTech International、Leidos、Northrop Grumman 等传统的美国国防承包商（这些企业都有大规模的网络相关产

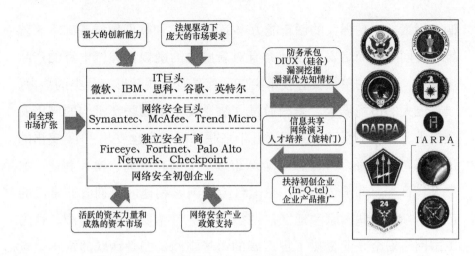

图2　美国网络安全产业与网络国防的相互支撑

品线和服务，并直接参与到与网络空间战相关工作中），也包括 FireEye、McAfee、Symantec、Fortinet、Palo Alto Networks、Checkpoint、Juniper Networks 等网络安全公司。如图 2 所示，在美国 2019 财年各部门网络安全预算中，美国国防部的网络安全预算最高，占比达 57%。据统计，参与承担美国网络空间防务的私人承包商多达 1930 家，其中仅国防部总部就拥有 291 家承包商①。国防高级研究计划局的"X 计划"和"国家网络靶场"项目等，都由多个私营企业分包。其次，美国产业界为军事部门提供最创新的网络安全技术。美国国防部近年来特别注重与美国中小网络安全企业的合作，2015 年，美国国防部在硅谷设立国防创新试验单元（DIUX），该机构被称为"五角大楼的创新实验室"，旨在加强与硅谷高科技企业的技术交流与合作，提高获取商用新兴技术的能力。其中网络安全是 DIUX 关注的重点领域之一。最后，民间顶尖黑客人才为美国军事部门提供漏洞挖掘服务。美国及其注重利用民间最顶尖的黑客人才，多次举办大型漏

① 吕晶华：《美国网络空间军民融合的经验与启示》，载《军工文化》2017 年第 4 期。

洞悬赏活动，包括"黑掉五角大楼""黑掉军舰""黑掉陆军"等，旨在提高美国军事部门信息系统的安全性。此外，美国产业界为美国网络军事部门提供漏洞优先知情权。Microsoft、Google、McAfee 等科技巨头和网络安全公司根据承包合同要求，在公开其新发现的系统漏洞之前要事先通知美国国家安全局，从而使后者可以利用这种优先知情权实施网络入侵。①

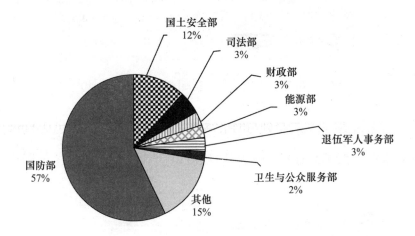

图3　美国 2019 财年各部门网络安全预算占比②

另一方面，美国国防和军事部门也在美国网络安全产业发展壮大过程中提供了扶持作用。首先，美国情报部门通过设立投资部门为美国最先进的技术创新提供资金，推动了初创企业的快速成长，并带动了更多的民间资本投资。美国 CIA 下属技术投资部门 In－Q－tel 目前已投资 23 家网络安全公司，包括 FireEye、TENABLE、ENVEIL、Anomali、VERACODE 等全球知名网络安全企业，目前 FireEye、

---

①　《美军网络空间安全军民融合及对我军的启示》，《安全内参》，2017 年 12 月，https：//www.secrss.com/articles/9127。

②　Taxpayer，"Federal Funding for Cybersecurity，" Feb. 14，2018，https：//www.taxpayer.net/national－security/federal－funding－cybersecurity/。

图4　美国网络防务合同承包商图谱（不完全统计）

TENABLE 已成功 IPO，VERACODE 已被美国知名私募公司 Thoma Bravo 收购，ANOMALI 已融资共计 9630 万美元[1]。其次，美国国防

图5　In-Q-tel 投资的网络安全企业

---

① Crunchbase 数据库。

和军事部门除为美国网络安全产业界提供大量网络防务合同外，还通过提供广泛的政府部门合同扶持网络安全企业。例如，全球知名网络安全企业 FireEye 的客户中包含 40 多家美国情报和军事机构，并已覆盖 60 多个美国重要的联邦政府部门。美国政府出于网络安全的考虑，一直以来要求 FireEye 的产品对中国禁售。作为对 FireEye 放弃中国大陆市场的经济补偿，美国要求政府机构和大厂商（包括大的 IT 寡头和军工集团）部署 FireEye 的反 APT 产品，从而推动了 FireEye 在全美的集中商业部署和迅速发展壮大。最后，美国网络安全产业和国防军事部门在信息共享、网络演习、人才培育等方面有着紧密的合作。在信息共享方面，2011 年，美国国防部发起"国防工业基础网络试点"项目，为 20 个参与国防部网络运营的公司提供平台，使其能够及时获得网络安全情报信息，各公司则借助这些情报与专业力量，保护他们为国防部运转的网络。[①] 2012 年 5 月，该项目向所有符合条件的国防工业基础公司开放。据估计，目前已有近千家公司参与该项目。通过构建网络安全信息和资源共享机制，美国军、政机构和私营企业实现了在网络安全方面的深度合作。在网络演习方面，美国国防和军事部门与私营企业深入合作。例如，在组织开展"网络风暴""网络卫士"等网络演习时，大量民事机构、IT 企业、网络安全企业、学术界代表均与军方共同参与。在人才培育方面，美国的军事部门、情报机构、网络安全公司、军工企业等公私部门之间有着灵活的"旋转门"制度。许多私营领域的网络安全企业高管都在军事或情报部门担任过要职，而反向的人员流动同样频繁出现。[②]

---

① 吕晶华：《美国网络空间军民融合的经验与启示》，载《军工文化》2017 年第 4 期。
② 《美军网络空间安全军民融合及对我军的启示》，载《安全内参》2017 年 12 月，https：//www.secrss.com/articles/9127。

（二）以色列：强大网络军事力量孵化强大安全产业

以色列是全球第二大网络安全创新中心，拥有450余家网络安全公司，2018年网络安全产业出口额达50亿美元以上，仅次于美国，是全球第二大网络安全产品和服务出口国。以色列网络安全企业的技术创新能力吸引了国内外大量资本入驻，2018年获融资总额达近12亿美元，[1] 占全球网络安全风险投资总额的20%。此外，近50个跨国科技公司在以色列设立网络安全创新中心，力求充分利用以色列在网络安全方面的创新能力以及人才方面的优势。以色列网

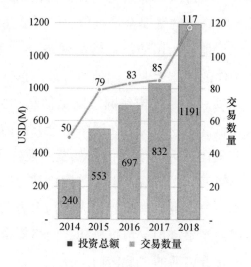

图6 以色列网络安全领域投资趋势[2]

① "Israeli Startups Shine in the $92 Billion Cybersecurity Market," https：//www. forbes. com/sites/gilpress/2019/02/26/israeli – startups – shine – in – the – 92 – billion – cybersecurity – market/#1ab6eb67451d.

② Fobes, "Israeli Startups Shine in the $92 Billion Cybersecurity Market," Feb 26, 2019, https：//www. forbes. com/sites/gilpress/2019/02/26/israeli – startups – shine – in – the – 92 – billion – cybersecurity – market/#1ab6eb67451d.

络安全产业近年来仍保持高速发展，年平均新增近 70 家网络安全初创企业，① 2018 年融资总额较 2017 年相比增长 47%，2018 年网络安全出口额较 2017 年增加 24%。

当前以色列网络安全产业相对较为成熟，主要表现为创新企业多、技术种类齐全，能攻擅守，是全球重要的网络安全技术策源地，诞生了一批优秀的网络安全企业。但其国内市场狭小，其生态发展总体现状为：强调产业海外输出能力和军民融合能力，产学研效率高、人才强、创新多、产业基础好、培育体系完整。除已形成特拉维夫、海法等网络安全产业集群，目前还在贝尔谢巴打造国家级网络安全创新平台。推动以色列网络安全产业快速发展的因素可总结为以下几点：

1. 明确的国家战略

以色列由于其特殊的地缘政治因素，生存压力较大。在信息技术兴起之后，为了应对网络安全威胁，以色列不仅将促进网络安全产业发展定为保障国家安全的战略之一，还将其视作经济转型发展的战略机遇，制定系统的扶持政策，建设优良的产业培育体系，加强产学研结合，鼓励创新创业，仅仅十多年的时间，就将网络安全产业发展为重要的支柱产业。2011 年以色列内塔尼亚胡总理明确提出"要将以色列建成网络安全的全球孵化器，要进入网络安全世界五强"的目标。2012 年，以色列国家网络局（INCB）发布 KIDMA 计划，计划两年时间投入 8000 万新谢克尔，推动以色列网络安全领域的研究和开发，以保持和加强以色列网络安全产业在全球市场上的竞争力。2015 年 12 月，INCB 发布 KIDMA 2.0 计划，计划投资 1 亿新谢克尔，进一步支持网络安全

---

① "A look back at the Israeli cybersecurity industry in 2018," https：//techcrunch.com/2019/01/06/a－look－back－at－the－israeli－cyber－security－industry－in/.

产业的发展。2018 年 8 月，以色列创新局发表声明启动一项发展计划，在未来三年内投资 9000 万新谢克尔（约合 2443 万美元），加强以色列网络安全产业发展。根据这项为期三年的计划，从事高风险研发的公司每年将有资格获得高达 500 万新谢克尔的奖金。此外，以色列内塔尼亚胡总理每年都亲自参加网络安全大会，强力推动技术创新和产业发展。

2. 强化网络安全能力输出

由于以色列市场空间小，因此以色列政府高度重视推动以色列网络安全产业出口，利用全球市场培育网络安全产业。为协助推动网络安全技术出口，政府调动 40 多名驻外使馆商务专员，向全球推广以色列网络安全企业和产品。目前以色列以美国为第二市场、欧洲为第三市场，在全球网络安全市场中占据 8% 的市场份额。① 众多以色列网络安全公司还将总部移至美国境内，旨在快速拓展美国市场。2019 年 4 月，为进一步促进以色列网络安全出口，以色列政府与厄瓜多尔电信和信息社会电子政务部达成合作，以色列网络安全企业将参与厄瓜多尔的网络安全建设。

3. 军民融合发展思路

以色列能成为全球第二大网络安全创新中心，与其强大的网络军事力量密切相关。以色列国防军 8200 通信与电子情报侦察部队具有举世闻名的网络间谍和攻击能力，被认为是世界顶尖情报机构，曾研发出蠕虫病毒 Stuxnet，成功让伊朗的浓缩铀设施瘫痪。8200 部队的成员都是在所有以色列国防军服役军人中，通过严格的智商测试与综合能力测试筛选出来的技术精英。这些人员退役后，大多进入高科技公司或选择自主创业。网络安全领域是他们创业较集中的领域

---

① "Globes: Israeli cybersecurity grabs 8% global market share," https://en.globes.co.il/en/article-israeli-cyber-industry-hits-the-big-time-1001114669.

之一，以色列众多知名网络安全公司都是由前 8200 部队服役人员创立的，例如 Checkpoint、Palo Alto Networks、Hysolate、Cybereason、Argus Cyber Security、Imperva、CyberArk 等。强大网络国防力量在产业领域的技术外溢造就了以色列在全球网络安全领域的技术创新地位。同时，8200 部队前服役成员还通过创立网络安全孵化器扶持具有创新能力的网络安全创业团队，其中最知名的 Team8 孵化器，就是由 8200 部队前负责人创立的，吸引了来自微软、谷歌、思科、软银、空客、美国电话电报公司（AT&T）等众多全球科技巨头的投资，孵化了 Illusive networks、Claroty、Sygnia、Hysolate、Duality Technologies 等多个网络安全技术创新公司。此外，以色列国防军为网络安全产业输出大量高水平技术人才。以色列实行全民服兵役制度，年满 18 岁的以色列公民必须服役 32—36 个月，在服役期间以色列国防军非常重视计算机和通信技术培训，因此为网络安全产业培育了大批高技能人才。

另一方面，军事需求和军工科研项目对网络安全创业公司有着直接的引领和指导作用，以色列军工企业与民营创业公司有着广泛的合作，不少军工项目的理念也自然融合到网络安全产业之中①。同时，以色列军事力量还依托园区建设与产业界进行充分的技术交流与合作。例如，政府计划将以色列军事和情报部门的网络作业与大数据分析处理等营地搬迁到贝尔谢巴网络星火工业园区附近，便于以色列军事部门充分吸纳产业界最先进的网络安全技术。

4.打造产业集群和产业生态

以色列高度重视网络安全产学研军合作和良好产业生态系统的打造。截至目前，以色列已形成三个网络安全产业集群，分别是特拉维夫工业园、海法 Matam 高科技园区和贝尔谢巴科技园区，这三

---

① 吴世忠：《以色列网络安全产业的创新及其启示》，载《中国信息安全》2016 年第 6 期，第 67 – 74 页。

个园区分别在地理位置上依托特拉维夫大学、以色列理工学院和本·古里安大学，将技术创新、人才培育和产业发展高度融合，形成了人才、技术、资金等要素的自由流动和充分互通，并将大学的科研活动、新兴创业企业的开发计划与以色列国防情报部门的现实工作紧密地结合在一起，极大地便利了三方的项目合作、数据共享、资源互补和人才流动①。

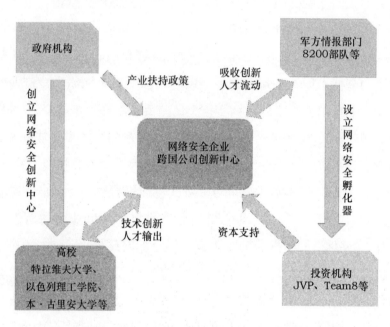

图7　以色列网络安全产业园区生态示意图

（三）英国：加速推动网络安全产业发展，网络安全创业活跃

1.英国高度重视网络安全产业发展

2016年英国发布《国家网络安全战略2016—2021》，提出要加

---

① 吴世忠：《以色列网络安全产业的创新及其启示》，载《中国信息安全》2016年第6期，第67－74页。

快促进网络安全产业发展，培育良好产业生态，并计划分别在切尔滕纳姆和伦敦投资建设两个网络安全创新中心，用于孵化网络安全初创企业和支持网络安全技术创新。

由于英国本土市场空间有限，因此，2018年3月英国发布《网络安全出口战略》，提出多项措施推动英国网络安全产业技术出口，包括：英国国际贸易部（DIT）将与英国政府其他部门合作，领导政府对政府（G2G）级别的网络安全合作；DIT将作为英国企业的可信顾问，支持企业获得向外国政府和关键国家基础设施提供商销售产品服务的重要竞标机会；DIT将支持英国公司寻找、发现和确保出口的机会，并为他们提供最新的市场营销、市场洞察力和培训；DIT全球办事处将在DIT网站上发布推广新品牌和市场的信息，展示英国优秀的网络安全产品；英国的中小企业也将与成熟的市场渠道和潜在的合作伙伴建立联系；确定网络安全六大需求行业，包括政府部门、金融服务、汽车产业、能源、医疗和关键基础设施领域，DIT将针对每个行业的最大买家，与目标公司建立信任关系，并指导英国网络安全公司为其提供量身定制的英国网络安全服务。

2. 英国网络安全产业已初具规模

英国目前已成为欧洲网络安全创新领域的领导者。目前，英国网络安全企业数量已达850多家，市场规模达50亿美元，[①]在欧洲地区排名第一。2016年网络安全产业总营业收入达57亿英镑（约73亿美元），2016年网络安全出口额达15亿英镑，到2021年将达到26亿英镑。近年来，英国网络安全产业发展迅速，2012—2017年间，英国网络安全企业数量增长了50%，仅2017—2018年就新增了100多家。但在800多家网络安全企业中，近90%都是中小企业，仅占英国网络安全产业总收入的26%，接近3/4的产值都由另外

---

① https：//www.export.gov/article? id = United – Kingdom – Cyber – Security.

10% 的大型企业来支撑。目前，英国网络安全企业主要集中在伦敦和英兰格东南部地区，并已在莫尔文、伦敦、剑桥、牛津、伯恩茅斯等地共形成了 24 个由网络安全中小企业组成的网络安全集群，这些非正式的集群组织定期召开会议进行交流和研讨，解决中小企业的发展需求。同时，原英国政府外交部门高级外交官 Grace Cassy、Jonathan Luff 创立了欧洲首个网络安全孵化器 Cyber London（简称 CyLon），为在英国创立网络安全公司的全球团队提供资金支持，并获得了 BAE Systems、Raytheon、Winton Capital 等企业的投资，目前已扶持了 100 多个网络安全初创企业。

在赛博研究院评选的全球网络安全百强榜单中，[①] 英国有 10 家企业入榜，位列第三，其中包括德勤、安永、普华永道三家大型咨询企业，以及 2016 年收购 HPE 软件业务的英国企业 Micro Focus。同时，BAE Systems 和 BT（英国电信集团）等巨头公司在网络安全领域的布局和投资也带动了英国的网络安全产业规模和产业发展。近几年，英国伦敦已成为继美国硅谷和以色列贝尔谢巴之后的下一个网络安全创新中心，网络安全初创公司大量涌现，成为了人才、资金等创新要素的聚集地。

3. 英国军民融合助力网络安全产业发展

英国国防和军事部门通过项目承包方式也促进了网络安全产业发展。例如，BAE Systems、BT、QinetiQ 每年都承包大量国防部和军方的网络防务合同。此外，英国伍斯特郡莫尔文聚集了大量网络安全企业，被称为"网络谷"（Cyber Vally），形成了典型的网络安全产业集群，其中位于莫尔文的英国第六大防务承包商 QinetiQ 和位于临近城市切尔滕纳姆的英国国家网络安全中心为墨尔文网络安全

---

① 《2018 全球网络安全企业竞争力研究报告》，上海赛博网络安全产业创新研究院，2018 年 12 月 25 日发布。

企业提供了大量订单支持，促进了该地的产业繁荣。

（四）俄罗斯：网络安全产业规模小，大力推动自主可控

俄罗斯虽然拥有强大的网络军事能力，但网络安全产业规模小，在全球网络安全市场中的份额不超过 2%。[①] 近几年，随着针对俄罗斯境内各个行业的网络威胁增加，数据安全等网络安全法规的出台，以及俄罗斯的自主替代政策，俄罗斯网络安全市场规模不断扩大，[②]但相比北美、欧洲等地区，市场规模仍处于较低水平，据估计，2019 年俄罗斯网络安全市场规模仅达 12.4 亿美元，[③] 较 2017 年增长 10%。同时，俄罗斯网络安全企业中仅有 Kaspersky、Group – IB、BI. ZONE 等为数不多的几家全球知名的网络安全企业。

然而，俄罗斯民间黑客人才辈出，并且具有全球独一无二的黑客文化，这为俄罗斯网络安全产业发展提供了宝贵的人才资源。无论是白帽子黑客，还是渗透测试或黑帽子活动，俄罗斯有着世界上最先进的提供黑客服务的市场，安全界的专业人士把俄罗斯称之为"真正的东方硅谷"。俄罗斯的黑客大多活动于灰色地带，只要不在国内进行网络犯罪就会被政府忽略，如果政府有要求的话，这些黑客还愿意为政府卖力。俄罗斯政府实际上把黑客活动当作是一项国家资源，只要这些黑客遵守一定的规则。

此外，为提高网络系统安全性，俄罗斯近年来大力推动软硬件

---

① Forklog. Исследование：российский рынок кибербезопасности может вырасти на 10% в 2019 году 19. 07. 2019 Karolina Salingerhttps：//forklog. com/issledovanie – rossijskij – rynok – kiberbezopasnosti – mozhet – vyrasti – na – 10 – v – 2019 – godu/.

② "An inside look at Russia's cybersecurity market：A Q&A with BI. ZONE," TechRadar Pro. September 24, 2019. https：//www. techradar. com/news/an – inside – look – at – russias – cybersecurity – market – a – qanda – with – bizone.

③ tadviser. . Information security （market of Russia）. http：//tadviser. com/index. php/Article：Information_security_ （market_of_Russia）.

国产化替代，并大力发展信息技术产业，扶持本国自主可控软硬件服务提供商，自主研发操作系统、移动操作系统、服务器等，并立法要求个人数据本地化存储和处理。早在 2010 年，俄罗斯就计划投资 1.5 亿卢布（约合 490 万美元），开发基于 Linux 的自主操作系统。由于俄罗斯 75%—95% 的软件依赖进口，因此作为进口替代战略的一部分，2015 年，俄罗斯发布《关于实施软件进口替代计划的第 96 号命令》，目的是在联邦政府和市政采购项目中实施俄罗斯政府优先采购国内 IT 产品的战略，以扶持俄罗斯国内的 IT 公司，并最终削弱外国（主要是美国）软件在俄罗斯国内软件市场的主导地位。法案制定的软件清单包括[1]：B2B 应用程序（ERP、CRM 和 BI）、杀毒软件、数据安全软件、基于 Web 的服务（电子邮件、互联网浏览器、即时消息和地图）；桌面和移动操作系统（OS）、服务器 OS、数据库管理系统、云基础设施和虚拟化管理系统、办公软件，以及针对特定行业的软件，包括制造业（PLM、CAD、CAM 和 CAE）、石油和天然气、建筑（BIM、CAD 和 CAM）、医疗、金融和交通等。2019 年 11 月，俄罗斯国家杜马又通过法案，要求境内某些高科技电子产品必需安装特定的俄罗斯软件，才能在全国销售。预装软件名单、电子产品名录和安装规则都将由俄罗斯政府制定，其中智能手机、电脑以及智能电视均在名单之内。该法案的目的是促进本土信息技术企业的成长。

（五）印度：产业起步晚，注重人才培养和初创企业培育

相较日韩等国家，印度的网络安全产业发展更加滞后，网络安

---

[1] Duane Morris, "Russia Takes Steps to Implement Import Substitution Plan for Software," July 15, 2015. https://www.duanemorris.com/alerts/russia_steps_implement_import_substitution_plan_for_software_0715.html.

全企业数量仅有 180 家左右，2018 年产业总营收为 4.5 亿美元，仅是英国的 1/10 不到，仅获投资总额 3 亿美元。但印度市场规模增长较快，2018 年市场规模达 45 亿美元，2018—2023 年复合增长率预测为 19%。预计随着印度政府采取多项举措，加速推进该国的数字化转型，印度网络安全市场在未来五年的年复合增长率也将达到 15%。同时，印度近几年网络安全初创企业不断涌现，具有独特的技术创新。例如，研发企业网络安全评估平台的印度网络安全初创公司 Lucideus 2018 年 10 月获得了思科前主席约翰·钱伯斯（John Chambers）的 500 万美元投资；2016 年印度国家证券交易所（NSE）的 IT 风险与合规负责人 Narayan Neelakantan 创立了一家网络安全公司 Block Armour，致力于利用区块链技术实现网络安全。

印度政府近年来高度重视网络安全产业发展。2015 年印度总理莫迪建议印度软件和服务业企业行业协会（NASSCOM）成立网络安全特别工作组，以加快推动印度网络安全产业发展。因此，2015 年 5 月，NASSCOM 与印度数据安全委员会（DSCI）共同成立了网络安全特别工作组（CSTF），并制定目标为"到 2025 年将印度网络安全产业的全球市场份额从目前的 1% 提高到 10%，市场规模达 350 亿美元，培育 100 万名训练有素的网络安全专业人才，培育 1000 家成功的网络安全企业，使印度成为网络安全领域的全球领导者"。为此，CSTF 制定了多项措施，包括：为印度网络安全产品和服务开发国内市场和海外市场；与政府合作制定有利政策推动创业生态系统的构建，支持网络安全技术的共同创新；建立技术基础设施，实现网络安全领域的技术研发、创新和产品开发和测试；培育高质量的人力资源，以满足网络安全产业发展对人才的需求。

（六）中国：合规驱动产业加速发展，自主创新能力有待提升

近年来，我国网络安全产业保持稳步发展，根据中国信息通信研究院统计测算，2018 年我国网络安全产业规模达到 510.92 亿元，较 2017 年增长 19.2%，2019 年达到 631.29 亿元，从业企业近3000 余家，产业体系日趋健全，技术创新较为活跃，为保障国家网络空间安全奠定了产业基础。[①] 同时，国家高度重视网络安全产业发展，2019 年 9 月工信部发布《关于促进网络安全产业发展的指导意见（征求意见稿）》，提出"到 2025 年，培育形成一批年营收超过20 亿的网络安全企业，形成若干具有国际竞争力的网络安全骨干企业，网络安全产业规模超过 2000 亿"的总体目标，并部署五大重点任务，包括着力突破网络安全关键技术、积极创新网络安全服务模式、合力打造网络安全产业生态、大力推广网络安全技术应用、加快构建网络安全基础设施。

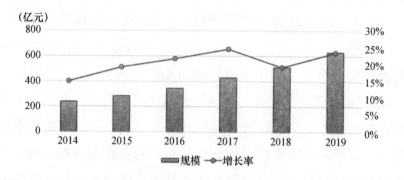

图 8　我国网络安全产业规模增长情况[②]

---

① 《中国网络安全产业白皮书（2019）》，中国信息通信研究院，2019 年 9 月发布。
② 《中国网络安全产业白皮书（2019）》，中国信息通信研究院，2019 年 9 月发布。

但与美国、以色列等处于网络安全产业发展领导地位的国家相比，我国网络安全产业发展仍处于较低水平，体现在：市场规模小，企业安全意识不足，以合规为需求驱动因素；技术自主创新能力不足，在全球网络安全领域的引领作用不明显，缺乏在全球具有竞争力的网络安全龙头企业；海外市场拓展能力差，没有充分利用全球市场开展业务；网络安全领域的资本市场不成熟，投融资环境差；对网络军事力量和网络国防能力支撑不足，仅限于民用，军民融合进展缓慢。

三、全球网络安全产业发展趋势展望

（一）全球网络安全产业格局将被打破

当前，随着全球各国数字经济、数字社会的加快推进，云计算、大数据、物联网、人工智能等新一代信息科技与金融、医疗、城市建设、工业、农业等各个行业深度融合，网络空间的边界将无线延展，深入人们生产生活的各个方面。然而网络威胁也将变得无处不在，这是数字化时代带来的必然影响，将迫使所有向着数字化、网络化、智能化发展的国家提高网络安全防御能力。未来十年，随着世界各国逐渐意识到网络安全产业的重要性，将大力推动本国网络安全产业发展，也将带来全球网络安全产业格局的变化。目前，英国、韩国、澳大利亚、印度等国家都已制定了详尽的网络安全产业促进政策，有些国家虽不具有本土广阔的市场空间，但可利用北美、欧洲等全球市场作为潜在市场。因此，这些国家和地区在未来5—10年很大可能将迎来网络安全产业发展的快速增长期。

(二) 安全产业在战略对抗中将发挥更加重要的作用

随着全球向着数字时代迈进，关键基础设施的网络化程度越来越高，网络战将成为国家间对抗的重要表现形式。产业界拥有最前沿的技术创新和最顶尖的人才，网络军事力量和网络国防能力的建设需充分吸收产业界的技术创新和人才智力资源，才能在时刻都在发生的网络战中抵御威胁，形成威慑。同时，产业界也是民用关键基础设施和城市社会稳定运行、各行各业安全发展的关键保障力量，是网络国防能力建设的中坚力量，在未来国家网络空间安全保障中，网络安全产业将发挥更加重要的作用。在这一点上，美国走在世界其他国家前面，能够充分利用产业界的能力，赋能美国国家安全和国土安全。目前美国网络军队的建立、网络国防体系的构建、关键基础设施的保护，无一不是通过依托网络安全产业的能力建立起来的。

(三) 全球网络安全市场将愈加碎片化

由于网络安全关系到国家安全，因此网络安全产业天然带有强烈的国家属性。在地缘政治因素的影响下，网络安全产业在拓展海外市场时会遇到明显的市场壁垒，甚至被某些国家市场所抵制。当前以美国为首的发达国家对中国等发展中国家展开全面的科技冷战和经济压制，这严重阻碍了经贸领域的全球化发展和技术的自由流动。由于网络安全产业涉及国家安全因素，因此未来全球网络安全市场将会被更大程度地割裂，市场碎片化趋势将势不可挡。这从当前形势就已经可以说明，目前在全球网络安全企业中，绝大多数企业的经营收入主要来自本国，或与本国有着传统友好关系的国家或地区，这固然有着知识、技术能力的因素，但不可避免地被地缘政治因素所左右。同时，从各国实施的产业政策来看，涉及安全相关的事务通常都希望由本国企业来担当，或者要求具有能力的跨国企业具备属地化服务的能力并且需要接受所在国政府的监管。即便部分跨国企业在其他国家经营，采取包括设立当地销售或服务公司、本土化的研发中心等措施，但从所在国获得的实际收入占其总收入的比例仍比较低。这些都给企业的市场开拓和未来成长带来挑战。

网络空间的攻防平衡与网络威慑

——探索构建网络空间战略稳定的务实路径①

沈　逸　江天骄*

摘　要： 网络空间客观上已经成为大国战略博弈的新领域。网络空间的军事化是一个难以逆转的客观趋势。目前关于网络攻防、网络威慑及其对大国战略稳定影响的讨论存在不足。部分观点认为，归因、划线、对称报复等技术困境的存在使得网络威慑难以成立。而网络攻防失衡、进攻更占优势的结果将打破战略稳定，并导致频繁的网络战争，甚至引发冲突升级。然而，这种怀疑论和悲观论实际上模糊了不同程度的网络安全事件之间的界限，又未能全面理解网络攻防之间所存在的巧妙平衡。大规模网络攻击的后果存在诸多不确定性因素，而归因问题也并非无法化解。以现实主义的基本理念，务实对待和理解网络空间的攻防均衡，通过构建积极的网络威慑实现网络空间的战略稳定，应该成为大国在网络空间战略互动的一个主要方向。

关键词： 攻防平衡　网络威慑　战略稳定

网络空间已经成为人类活动的第五空间，如同约瑟夫·奈指出

---

① 本文的核心观点已发表在《世界经济与政治》2018 年第 2 期。

* 沈逸，复旦大学教授，复旦大学网络空间国际治理研究基地主任；江天骄，复旦大学发展研究院助理研究员，复旦大学网络空间国际治理研究基地主任助理。

的，信息革命发生在既有的政治与社会结构之中，① 因此网络空间同样面临保持安全与稳定的关键问题。如同冷战时期如何保持大国战略稳定，避免发生全面核战争导致同归于尽一样，如何在网络空间保持大国战略稳定，正日趋成为各方关注的主要问题。2016 年结束的美国总统选举中，有关俄罗斯通过黑客攻击干扰、影响乃至最终左右选举结果的争论，进一步深化了有关网络空间行为与大国战略稳定的讨论。美国国防部于 2017 年 2 月发布的《国防科学委员会网络威慑专题小组最终报告》指出，为了应对来自俄罗斯和中国的大规模网络攻击的威胁，美国必须通过明确报复战略来阻止这类进攻。② 大国之间是否会因为网络攻击而爆发大规模的网络战并引发冲突升级是新时期网络技术革命给国际社会带来的难题，在此背景下，探讨构建网络空间战略稳定的务实路径，应该成为一项具有重要理论价值与现实意义的任务。

　　与核武器相比，目前网络武器的研发、实际使用，以及由此带来的网络空间国家之间进攻与防御能力的建设，仍然处于发展的过程之中。如何认识网络空间进攻与防御之间的关系，是认识和理解网络空间威慑问题的关键。本文将运用攻防失衡与平衡的分析框架，展开相关的研究。在结构上，本文将首先回顾以往关于网络空间中进攻与防御失衡进而导致网络战频发的观点，并指出其中的矛盾和不足之处。事实上，网络攻防之间尽管具有非对称性，但仍可以形成巧妙的平衡。这种平衡将为传统的威慑战略运用到网络空间提供了重要的基础。本文随后聚焦讨论网络空间威慑的有效性问题，并指出基于务实路径在网络空间构建有效威慑不仅是可行的，也是必要的；这种威慑形成的过程可能会带来某些冲击，但总体是可控的，

① 约瑟夫·奈：《美国霸权的困惑》，郑志国等译，北京，世界知识出版社，2002 年版，第120 页。
② Defense Science Board, "Task Force on Cyber Deterrence," http：//www. dtic. mil/dtic /tr/fulltext/u2/1028516. pdf.

而且在形成之后，从整体看，不仅有助于网络空间达成新的战略稳定，而且对现有国际体系中大国之间的战略稳定也将带来积极贡献。

一、关于网络战威胁及网络攻防失衡的误解

网络安全的战略研究中充斥着对于网络攻防的不准确理解以及过高网络战威胁的声音。许多研究从技术决定论的角度出发，认为网络空间的技术特征包括归因困难、网络武器易于扩散、攻击门槛较低、网络防御碎片化以及现代社会对网络的过度依赖等使得网络攻击具备低成本、高收益的特点。这种对于网络攻防失衡或网络进攻占优的误判导致传统的国家安全战略策略如报复型威慑在网络空间中难以为继。因为在网络攻防失衡的假设中，威慑战略难以回答"向谁报复""在何种情况下报复"以及"如何报复"等关键问题。作为一种防御性战略，网络威慑的缺位将进一步撕裂网络攻防之间的关系，鼓励潜在对手发起不对称攻击，最终破坏战略稳定。本节主要梳理以往的网络攻防理论，并对部分学者关于网络攻防失衡的论断提出不同的看法。

国外学者将一般攻防理论[①]运用到网络空间，并指出，网络空间中存在着进攻占据优势（offence dominance）的情况，这连同网络技术革命和网络武器的出现一起，将从根本上改变传统国际关系中的

[①] George H. Quester, *Offense and Defense in the International System*, New York: John Wiley and Sons, 1977; Jack L. Snyder, *The Ideology of the Offensive: Military Decision Making and the Disasters of* 1914, Ithaca: Cornell University Press, 1984; Ted Hopf, "Polarity, the Offense – Defense Balance, and War," *American Political Science Review*, Vol. 85, No. 2, 1991, pp. 475 – 494; Stephen Van Evera, "Offense, Defense, and the Causes of War," *International Security*, Vol. 22, No. 4, 1998, pp. 5 – 43; Charles L. Glaser and Chaim Kaufmann, "What Is the Offense – Defense Balance and Can We Measure It?" *International Security*, Vol. 22, No. 4, 1998, pp. 44 – 82; Karen Ruth Adams, "Attack and Conquer? International Anarchy and the Offense – Defense – Deterrence Balance," *International Security*, Vol. 28, No. 3, 2003, pp. 45 – 83.

攻防平衡（offense - defense balance）。[1] 进攻占优的观点主要源于对网络空间技术特征的分析。首先，由于存在"零日漏洞攻击"（zero - day attack），即在相关软件的安全补丁还未上线或是上线的同一天就遭受攻击。其次，即使没有发生"零日漏洞攻击"，也无法保证整个网络安全系统没有瑕疵。网络防御需要构筑起一道万无一失的长城，而进攻只需要攻其一点即可突破。防范网络攻击与打击贩毒和偷渡有着许多相似之处。除非事先掌握可靠情报，否则即便投入再多的力量效费比依然很低。[2] 再其次，防御本身处在碎片化的风险之中。私人部门（private sector）掌控了相当一部分国家网络资源。考虑到企业的声誉或是经营策略，私人部门大多不愿意在调高安全风险等级或是共享网络信息等方面与政府展开合作。甚至在遭到攻击之后，许多企业仍然选择隐瞒事实。[3] 而经济全球化也进一步加深了潜伏在供应链中的安全问题。许多设备在海外制造的过程中极有可能被植入病毒。此外，网络武器可以通过直接复制或变异的方法快速扩散。[4] 跨国犯罪集团和黑客地下产业链导致恶意软件的扩散渠道更加畅通，获得网络武器的门槛变得更低。最后，网络归因

---

① John B. Sheldon, "Deciphering Cyberpower: Strategic Purpose in Peace and War," *Strategic Studies Quarterly*, 2011, p. 98; Lucas Kello, "The Meaning of the Cyber Revolution: Perils to Theory and Statecraft," *International Security*, Vol. 38, No. 2, pp. 7 - 40.

② Samuel Liles, Marcus Rogers, J. Eric Dietz and Dean Larson, "Applying Traditional Military Principles to Cyber Warfare," in C. Czosseck, R. Ottis, & K. Ziolkowski, eds., 2012 *4th International Conference on Cyber Conflict (CYCON)* Talinn: NATO CCD COE Publications, pp. 169 - 180; Forrest Hare, "Borders in Cyberspace: Can Sovereignty Adapt to the Challenges of Cyber Security?" NATO Cooperative Cyber Defence Center of Excellence, 2019, https://ccdcoe.org/publications/virtualbattlefield/06_HARE_Borders%20in%20Cyberspace.pdf.

③ Karine Silva, "Europe's Fragmented Approach towards Cyber Security," *Internet Policy Review*, Vol. 2, No. 4, 2013, http://policyreview.info/articles/analysis/europes - fragmented - approach - towards - cyber - security.

④ Stephen W. Korns, "Cyber Operations: The New Balance," *Joint Force Quarterly*, Vol. 54, 2009, pp. 97 - 98; William A. Owen, Kenneth W. Dam and Herbert S. Lin, eds., *Technology, Policy, Law, and Ethics Regarding U. S. Acquisition and Use of Cyberattack Capabilities*, Washington, D. C.: National Academies Press, 2009, pp. 2 - 32.

困难重重。① 由于各种加密、代理技术的发展，要成功定位攻击发起者并予以及时的还击几乎难以实现。如果单纯从技术角度分析，在网络空间中既不能通过构筑坚不可摧的防御来拒止敌人的进攻，又无法借助强有力的报复手段来慑止隐匿攻击。进攻的一方享有天然的优势，而防御的一方则显得有些先天不足。

进攻占优的观点将刺激各国发起网络军备竞赛，加深安全困境。在网络技术革命之前，国家间通过明确一系列基本共识、原则和法律制度在一定程度上化解国际社会无政府状态的影响。而在进攻占优的观念主导下，网络技术似乎给试图颠覆现行秩序的行为体带来了机会。有学者提出，网络技术革命带来了动荡不安的前景。各国都尚未对网络武器的意义具有充分的理解，也没有相应的法律来规制武器的使用，在缺乏有效威慑的情况下，网络战将会成为诱人的战略选择。② 国家行为体将倾向于选择通过大规模网络攻击而非传统的外交以及军事活动，"兵不血刃"地破坏对方的安全、经济和社会发展。③ 尤其对发达国家来说，由于其过分依赖网络系统，网络攻击能够以非常低的成本造成巨大的损失，从而使得原本实力弱小的国家或非国家行为体更容易借助这种不对称优势向大国发起挑战。④ 此外，网络武器又易于扩散，大幅增加意外战争的可能性。在传统领

① Martin C. Libicki, *Cyberdeterrence and Cyberwar*, Santa Monica: RAND, 2009; David D. Clark and Susan Landau, "Untangling Attribution," *Harvard National Security Journal*, Vol. 2, No. 2, 2011, pp. 25 - 40; W. Earl Boebert, "A Survey of Challenges in Attribution," in Committee on Deterring Cyberattacks, ed., *Proceedings of a Workshop on Deterring Cyberattacks: Informing Strategies and Developing Options for U. S. Policy*, pp. 51 - 52; Peter W. Singer and Allan Friedman, *Cybersecurity and Cyberwar*, New York / Oxford: Oxford University Press, 2014, p. 73.
② Lucas Kello, "The Meaning of the Cyber Revolution: Perils to Theory and Statecraft," *International Security*, Vol. 38, No. 2, 2013, pp. 36 - 37.
③ Lucas Kello, "The Meaning of the Cyber Revolution: Perils to Theory and Statecraft," p. 26.
④ Joseph S. Nye, Jr., "Cyber Power," Belfer Center for Science and International Affairs, Harvard Kennedy School, May 2010, p. 4, https://www.belfercenter.org/sites/default/files/legacy/files/cyber - power.pdf.

域，信心建立措施（CBM）、外交热线和其他一系列规范有助于缓解紧张局势、避免冲突升级，而关于网络空间的沟通和协调可能非常模糊。由于国家间彼此难以摸清对方的真实意图，误判的可能性增加。在竞争对手之间，认为自身占据进攻优势的一方很有可能采取先发制人的行动。总体上，如果难以建立起有效的威慑，国家间网络战争的发生将变得频繁，国家遭受大规模网络攻击的可能性将急剧上升。[1] 网络空间的攻防失衡很有可能破坏战略稳定并危及整个国际秩序。

然而，当前世界范围内主权国家之间在网络空间中发生高强度对抗的案例屈指可数。相反，网络犯罪、网络间谍、网络黑客等低烈度的网络安全事件屡屡发生。为何国家间并没有像攻防失衡论者所预计的那样爆发频繁的网络战争？实际上，许多观点未能明确区分网络间谍活动、一般性的网络攻击和大规模的网络战。[2] 而更为关键的是，大部分观点对于网络攻防平衡和网络威慑的理解是片面的。网络攻击的成本是否真的远低于防御？即便网络攻击的成本很低，主权国家是否就会更倾向于发动网络战？

从实践看，在大量的案例中，网络战的威胁被有意或无意地夸大了（threat inflation），对网络攻击概念的泛化使用导致了对于实施网络攻击难度的低估，最典型的表现就是混淆了网络攻击和网络利用这两类相似但存在重大区别的活动。[3] 根据美国国防部、参谋长联

---

① Andrew F. Krepinevich, "Cyber Warfare: A Nuclear Option?" Center for Strategic and Budgetary Assessment, 2012, p. 8, http://csbaonline.org/uploads/documents/CSBA_e-reader_CyberWarfare.pdf.

② Stephen M. Walt, "Is the Cyber Threat Overblown?" *Foreign Policy*, March 30, 2010, http://walt.foreignpolicy.com/posts/2010/03/30/is_the_cyber_threat_overblown; Thomas Rid, "Cyber War Will Not Take Place," *Journal of Strategic Studies*, Vol. 35, No. 1, 2012, pp. 5-32.

③ Myriam Dunn Cavelty, "Cyber-Terror—Looming Threat or Phantom Menace? The Framing of the US Cyber-Threat Debate," *Journal of Information Technology & Politics*, Vol. 4, No. 1, 2008, pp. 19-36; Jane K. Cramer and A. Trevor Thrall, "Understanding Threat Inflation," in A. Trevor Thrall and Jane K. Cramer, eds., *American Policy and the Politics of Fear: Threat Inflation Since 9/11*, London: Routledge, 2009, pp. 1-15; Jerry Brito and Tate Watkins, *Loving the Cyber Bomb? The Dangers of Threat Inflation in Cybersecurity Policy*, Arlington: Mercatus Center, George Mason University, 2011.

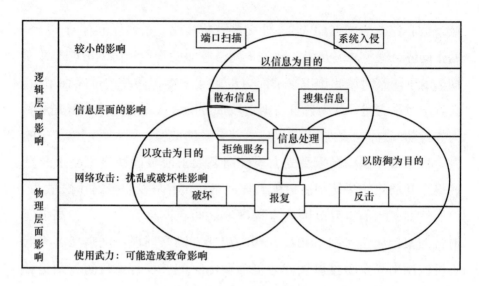

图1　网络技术活动分类①

资料来源：Robert Belk and Matthew Noyes, "On the Use of Offensive Cyber Capabilities：A Policy Analysis on Offensive US Cyber Policy," Paper, Science, Technology, and Public Policy Program, Belfer Center, March 2012, p. 22, https：//www. belfercenter. org/sites/default/files/files/publication/cybersecurity - pae-belk - noyes. pdf。

席会议等发布的文件来看，网络攻击（CAN）和网络利用（CNE）这两种类型的行动是这样被定义的：

网络攻击是指由计算机网络发起或针对计算机网络而进行的各种扰乱、禁止访问、破坏和摧毁计算机信息的行动（攻击分类如表1 所示）。② 在攻击过程中，不仅包含对于数据的破坏和操控，而且还强调由此产生的后果，特别是通过攻击行动造成物理毁伤，包括

---

① Robert Belk and Matthew Noyes, "On the Use of Offensive Cyber Capabilities：A Policy Analysis on Offensive US Cyber Policy," Paper, Science, Technology, and Public Policy Program, Belfer Center, March, 2012, p. 22.

② Department of Defense, Washington, D. C. , "Dictionary of Military and Associated Terms," Joint Publication 1 – 02, November 8, 2010, http：//www. dtic. mil/doctrine/new_pubs/jp1_02. pdf.

关键基础设施的破坏以及人员的伤亡。[①]

网络利用更多的是指利用网络进行侦查、干扰、窃取信息等活动，日常生活中被广泛报道的案例，绝大多数属于此类行动。虽然与网络攻击在技术、手段，甚至是某些外部表现形式上存在相似性，但仍然应当区别对待。[②]

从国家安全的角度来看，利用网络进行侦查、干扰、窃取信息或者发动分布式拒绝服务攻击（DDoS）与利用网络对关键基础设施造成严重破坏的网络攻击是性质完全不同的事件（如图1所示）。这就好比仅仅因为与火药产生的化学反应有关，用烟花进行恶作剧、持枪抢劫银行、安装路边炸弹和使用巡航导弹就被视为同样的行为，这至少是不严谨的。[③]

表1　网络攻击的类型[④]

攻击类型	描述	主要特征	潜在目标	案例
僵尸程序或 DDoS 攻击	通过控制大量系统发起集中访问，使目标网络连接中断	成本较低；技术门槛不高；效果仅局限于中断访问而不能造成物理损伤	大部分网络	2008 年俄格冲突中俄罗斯中断了格鲁吉亚政府网站的连接

---

① 如果网络攻击只是导致信息层面的影响而没有造成严重的物理毁伤或人员伤亡，那么这种攻击不构成国际法意义上的武力攻击（armed attack）。参见 Michael N. Schmitt, "Computer Network Attack and the Use of Force in International Law: Thoughts on a Normative Framework," *Columbia Journal of Transnational Law*, Vol. 37, 1998 – 1999, pp. 885 – 937; Yoram Dinstein, "Computer Network Attacks and Self – Defense," *International Law Studies – Naval War College*, Vol. 76, 2002, pp. 99 – 119。

② 就像使用无人机既可以实施侦察，又可以发动攻击，或两者兼而有之，但侦察和打击显然是需要区别对待的行为。

③ 彼得·辛格、艾伦·弗里德曼：《网络安全：输不起的互联网战争》，中国信息通信研究院译，电子工业出版社，2015 年版，第 60—61 页。

④ Adam P. Liff, "Cyberwar: A New 'Absolute Weapon'? The Proliferation of Cyberwarfare Capabilities and Interstate War," *Journal of Strategic Studies*, Vol. 35, Issue 3, 2012, pp. 406 – 407。

续表

攻击类型	描述	主要特征	潜在目标	案例
普通恶意软件	利用漏洞入侵、传输数据或扰乱系统正常运行	成本较低；对防护较弱的系统适用	大部分计算机或网络	计算机病毒、钓鱼软件、蠕虫病毒
高级恶意软件	同上	成本较高；技术门槛高；能够入侵防护级别较高甚至与外部网络隔绝的系统；同时可能造成连锁反应	重点基础设施	震网病毒对伊朗的浓缩铀离心机造成了破坏

资料来源：笔者自制。

就已经发生的案例进行分析可以发现，实施能够威胁国家安全的网络攻击的难度远比预想的要高，仅仅认定网络攻击技术的高速发展就会自动导致滥用网络攻击能力实施网络战的论点并没有得到实际案例的支撑。从 2001 年至 2011 年，地缘竞争对手在网络冲突事件中不仅没有发生擦枪走火，反而表现出了自我克制。[1] 这种克制很大程度上是源于网络攻击的门槛。关于震网病毒的案例研究表明，实施有效的威胁国家安全的战略级网络攻击的成本巨大且门槛极高。[2] 该网络武器的研制与实施过程远非轻而易举。

首先需要通过搜集情报理解复杂的工业控制系统并发现可以利

---

[1] Brandon Valeriano and Ryan C Maness, "The Dynamics of Cyber Conflict between Rival Antagonists, 2001 – 2011," *Journal of Peace Research*, Vol. 51, No. 3, 2014, pp. 347 – 360.

[2] Jon R. Lindsay, "Stuxnet and the Limits of Cyber Warfare," *Security Studies*, Vol. 22, No. 3, 2013, pp. 365 – 404.

用的漏洞；再设法将网络武器放置到与外界隔绝的系统当中并确保能够按时引爆；还要对此进行反复的实验。这样庞大的工程需要大量的人力、物力、财力和先进技术的保障。战略网络战与普通的网络攻击或是黑客活动相去甚远，需要对于不同的攻击目标定制不同的网络武器，投入高、研发周期长且需要具有相当的试验条件（例如离心机），非网络强国几乎难以实现。此外，战略网络攻击被曝光的风险也很高。大规模行动往往因为大量的准备工作而暴露蛛丝马迹。参与秘密行动的人越多、准备周期越长，泄密的可能性也就越大。[①] 而所谓的奇袭（例如，珍珠港事件、"9·11"事件等）总是伴随着许多偶然因素，在很大程度上，事件中的有利条件（例如遗漏重要情报）往往源于对手的各种失误。所以，战略级网络攻击的成功还有赖于网络空间以外的大量因素。即便个别国家不惜一切成功研制了高级恶意软件并能够顺利实施计划，网络武器的战略作用究竟有多大仍值得怀疑。[②] 在这种情况下，频繁发动大规模网络攻击既不明智也不现实。

因此，即使是在网络技术经历着突飞猛进发展的今天，大规模网络攻击并非许多技术决定论者所想象的那样能够轻易实现。国家在面临网络技术革命所可能引发的安全困境时也并非没有消除误判、重塑战略稳定的可能。当务之急是要摆脱夸大网络战威胁、鼓吹网络空间攻防失衡等混淆视听的观点，客观评估网络攻防的平衡状态，从而对于网络空间中的特定活动——网络进攻、网络防御、网络利用等——形成共同的理解和预期。

[①] Thomas Rid and Ben Buchanan, "Attributing Cyber Attacks," *Journal of Strategic Studies*, Vol. 38, No. 1–2, 2015, p. 31.

[②] Martin C. Libicki, *Cyberdeterrence and Cyberwar*; David Betz, "Cyberpower in Strategic Affairs: Neither Unthinkable nor Blessed," *Journal of Strategic Studies*, Vol. 35, No. 5, 2012, pp. 689–711; Thomas Rid, "Cyber War Will Not Take Place," pp. 5–32.

二、关于网络攻防平衡

在上述反驳网络攻防失衡观点的基础上，认知网络攻防平衡状态的必要性与可能性凸显出来。经由这一认知，各国将对于不同网络攻击可能造成的后果形成一致的预期，即较易实施的低技术水平的网络攻击一般情况下难以造成物理毁伤，频繁使用不仅暴露自己而且会强化对手；大规模的网络攻击成本风险极高，也未必能够改变国家间的力量对比，需要审慎评估。这种共有知识通过不断地磋商和交流长期积累，最终形成一种信息共享和约束机制。其目的是规范国家行为，避免归因能力有限时的过度反应以及投机性的冒险行动，进而确保在网络空间构建最基本的战略稳定。具体而言，网络攻防平衡的内涵可以从网络攻击和网络防御两方面分别予以详细解读。

与传统的关于进攻占据优势的认知不同的是，网络攻击的后果存在着局限性和不确定性。其一，频繁的网络攻击会增加自我暴露的风险，反而有利于防御方进行能力建设，甚至有可能帮助防御方解决对网络攻击的归因问题。对于网络攻击归因问题的探讨已持续了较长的一段时间。有一些学者提出归因问题完全无法解决，[1] 也有观点认为归因更多反映的是政治问题而非技术问题。[2] 所谓归因就是国家认为它是什么，它就是什么（attribution is what states

① David D. Clark and Susan Landau, "Untangling Attribution," in Committee on Deterring Cyberattacks, ed., *Proceedings of a Workshop on Deterring Cyberattacks: Informing Strategies and Developing Options for U. S. Policy*, pp. 25 – 40; Jason Healey, *A Fierce Domain*, Washington, D. C.: The Atlantic Council, 2013, p. 265.

② W. Earl Boebert, "A Survey of Challenges in Attribution," in Committee on Deterring Cyberattacks, ed., *Proceedings of a Workshop on Deterring Cyberattacks: Informing Strategies and Developing Options for U. S. Policy*, pp. 41 – 54; Amir Lupovici, "The 'Attribution Problem' and the Social Construction of 'Violence'," *International Studies Perspectives*, Vol. 3, 2014, pp. 1 – 21.

make of it)。① 许多方法可以有助于化解归因困境。首先可以对遭受攻击的情况进行分析，小规模的攻击不太可能是为了政治施压，大规模的攻击不太可能是意外，隐蔽性强的攻击可能是窃取数据。如果运用过多的资源进行攻击，则意味着攻击者可能是单独行动，而不具备组织化程度，因为组织强调效率。为了提升攻击效率，攻击者可能重复使用相关恶意软件或采取熟悉的攻击手法，这种特征暴露了攻击行为。② 而通过长期观察攻击的时间以及间隔，攻击者所在的时区和位置很有可能被探查，攻击越多越容易暴露马脚。③ 攻击过程中可能留下的自然语言信息也有可能暴露攻击者的身份。上文已经谈到，由于针对特定复杂系统进行攻击的任务难度较高，许多个人和组织自然被排除在外。同时又需要针对复杂系统搜集大量前期的情报工作，这一环节也很有可能暴露行动。最后，网络攻击很有可能是大规模行动的一个环节，因此通过考察整个地缘政治态势也能发现端倪（例如爱沙尼亚和格鲁吉亚事件）。即便归因不是百分百正确，公布一些调查报告或者发布所谓的证据仍然可以对攻击者造成外交和心理上的压力。通过污名化策略（naming and shaming）可以打击对手的国际声誉和软实力，从而在一定程度上起到反制作用。④ 尽管归因能力是越强越好，但在没有绝对把握的情况下仍然可

① Thomas Rid and Ben Buchanan, "Attributing Cyber Attacks," p. 7.

② 一个进行过大量网络牟利活动的国家可能会暴露其独特的行事手法（modus operandi，简称 MO），可以利用它来追踪攻击源头。如果攻击方只是简单的方法重复，那么归因就相对容易。尽管攻击方仍然有太多方法来隐藏自己，但仍然可以通过分析攻击规模、手法大致判断出攻击意图，进而缩小范围找到攻击者。参见马丁·利比基：《兰德报告：美国如何打赢网络战争》，薄建禄译，北京：东方出版社，2013 年版，第 86 页。

③ "Crowd Strikes's Threat Intelligence," in *Global Threat Report*, January 22, 2014, p. 18, https：//www.crowdstrike.com/resources/reports/global - threat - report -2014/.

④ Joseph S. Nye, Jr., "From Bombs to Bytes: Can Our Nuclear History Inform Our Cyber Future?" *Bulletin of the Atomic Scientists*, Vol. 69, No. 5, 2013, p. 12; Dmitri Alperovitch, "Towards Establishment of Cyberspace Deterrence Strategy," Paper from 3rd International Conference on Cyber Conflict, 2011, pp. 1 -8.

以结合具体情况采取相应措施。①

　　其二，若要通过网络攻击施加持续的影响力，则必须要与其他手段相结合，网络武器单独使用的战略有效性本质上是有限的。② 网络作为军事行动的倍增器能够发挥强大的辅助作用，但在没有传统军事行动配合的情况下，仅仅依靠网络无法实施占领，也不可能迫使对方投降。③ 事实上，大部分网络攻击可以被快速修复。④ 与核武器所造成的致命效果不同，各方对网络武器究竟能造成多大的破坏力并没有清晰的共识。网络武器具有生命周期短且后果不确定性的特点（如图2所示）。⑤ 不同类型的攻击具有不同的功效衰退率。如果某种攻击手法的知名度很高（例如震网病毒），那么相关漏洞也会很快被修复；而网络牟利活动由于长期不容易被发现，因此衰退率比较低。⑥ 还存在着许多其他导致网络攻击可能无效的原因。例如在阿富汗战争中，美国的网络攻击作用不大，因为对手并不依赖网络系统。网络攻击也并非如宣称的那样是精确打击武器。⑦ 网络攻击后果的不确定性，包括武器扩散、连锁反应等，都很有可能波及第三方并造成附带毁伤。震网病毒被发现后，许多系统又遭受到被改编

---

　　① Forrest Hare, "The Significance of Attribution to Cyberspace Coercion: A Political Perspective," Paper from 4th International Conference on Cyber Conflict, 2012, pp. 1 – 15.

　　② Erik Gartzke, "The Myth of Cyberwar: Bringing War in Cyberspace Back Down to Earth," *International Security*, Vol. 38, No. 2, 2013, p. 58.

　　③ Martin C. Libicki, *Cyberdeterrence and Cyberwar*, p. 119.

　　④ Martin C. Libicki, *Conquest in Cyberspace: National Security and Information Warfare*, New York: Cambridge University Press, 2007, pp. 5 – 6; Tim Maurer, "The Case for Cyberwarfare," *Foreign Policy*, October 19, 2011, http://www. foreignpolicy. com/articles/2011/10/19/the _ case _ for _ cyberwar.

　　⑤ Erik Gartzke, "The Myth of Cyberwar: Bringing War in Cyberspace Back Down to Earth," pp. 41 – 73; David Kushner, "The Real Story of Stuxnet," *IEEE Spectrum*, Vol. 50, No. 3, 2013, pp. 48 – 53; Samuel Liles, et al. , "Applying Traditional Military Principles to Cyber Warfare," pp. 1 – 12.

　　⑥ 马丁·利比基：《兰德报告：美国如何打赢网络战争》，薄建禄译，第53 – 54页。

　　⑦ Martin C. Libicki, *Cyberdeterrence and Cyberwar*, p. 177.

过的病毒的袭击，造成了严重的级联效应（cascade effect）。^① 而在
网络空间互联互通的背景下，大规模网络攻击所带来的严重后果很
有可能反噬攻击者自身。虽然匿名使得攻击看似不对称，但大规模
网络攻击的反作用是对称的。尤其是如中美两国一般，在经济金融
高度相互依存的情况下，任何一方遭受网络攻击同样会给另一方的
经济金融发展带来冲击。^② 这种不确定性和反噬作用使得大规模网络
攻击成为某种程度上自我遏制的武器。

动能武器（例如导弹）

研发→→→生产→→武器存续→→→→→→→→→→→→→→→→→ 拆卸销毁

网络武器（例如震网病毒）

研发→武器存续→安全补丁？→防火墙升级？→更换操作软件？→更换硬件？

图2　网络武器生命周期^③

资料来源：笔者自制。

　　同样地，网络防御也并非毫无效用，尽管网络攻击具备优势，
但拥有良好的防御和快速恢复的弹性将提升攻击的难度。相比核武
器所造成的近似绝对的毁伤效果，网络攻击仍然是可以防御的，遭
受攻击之后具备足够能力和资源的行为体仍然可以具备有效的恢复
能力。防御方可以通过设置多个防御层次和大量的系统冗余，尽可
能减缓攻击速度，为检测和应对争取时间。当攻击者需要采取包括
搜集信息、研发武器、植入并释放武器等一系列步骤时，防御方可

---

①　除了伊朗以外，世界上有154个国家的网络系统遭受到震网病毒的攻击，占病毒感染总数的40%以上。参见 Nicholas Falliere, et al., *W32. Stuxnet Dossier*, CA: Symantec Security Response, 2011, p.6。

②　Joseph S. Nye, Jr., "From Bombs to Bytes: Can Our Nuclear History Inform Our Cyber Future?" p.11.

③　Michael Robinson, Kevin Jones and Helge Janicke, "Cyber Warfare: Issues and Challenges," *Computers & Security*, Vol.49, 2015, p.81.

以在任何步骤发现并采取行动。同时，防御方还可以巧妙地利用欺骗战术迷惑对手。由于大多数对于欺骗战术的研究视角都聚焦于进攻一方，网络空间的复杂特征总是被当成防御方所面临的挑战。[①] 但实际上这种复杂性对于进攻方来说同样意味着许多困难和不确定因素。防御方可以通过设置蜜罐等技术手段，[②] 使得攻击者担忧到处都布满陷阱，从而迷失方向，并最终服务于攻击检测、归因和关键基础设施的防护。[③] 考虑到最有价值的攻击目标往往是最为复杂的，而攻击成本和被发现的风险极大，攻击者就很有可能转向那些低风险、低回报的目标。[④] 事实上，任何作战领域都不存在所谓完美（perfect）的防御，只有建立妥善（good enough）的防御体系，使其足以承受一定程度的损伤并能够快速得到修复，从而继续作战。[⑤] 所以，冗余、欺骗和快速恢复的弹性使得网络防御并非不堪一击。例如网络并未在 2008 年的俄格冲突中起到决定性作用。[⑥] 格鲁吉亚通

[①] Barton Whaley, "Toward a General Theory of Deception," *Journal of Strategic Studies*, Vol. 5, Issue 1, 1982, pp. 178 – 192.

[②] Lance Spitzner, "Honeypots: Catching the Insider Threat," *Proceedings of the 19th Annual Computer Security Applications Conference*, Washington, D. C.: IEEE Computer Society, 2003, pp. 170 – 179; Neil C. Rowe, E. John Custy, and Binh T. Duong, "Defending Cyberspace with Fake Honeypots," *Journal of Computers*, Vol. 2, No. 2, 2007, pp. 25 – 36; Julian L. Rrushi, "An Exploration of Defensive Deception in Industrial Communication Networks," *International Journal of Critical Infrastructure Protection*, Vol. 4, No. 2, 2011, pp. 66 – 75; Kristin E. Heckman et al., "Active Cyber Defense with Denial and Deception: A Cyber – Wargame Experiment," *Computers & Security*, Vol. 37, No. 3, 2013, pp. 72 – 77.

[③] Jim Yuill, Dorothy E. Denning and Fred Feer, "Using Deception to Hide Things from Hackers: Processes, Principles, and Techniques," *Journal of Information Warfare*, Vol. 5, No. 3, 2006, pp. 26 – 40; Kristin E. Heckman and Frank J. Stech, "Cyber – Counterdeception: How to Detect Denial & Deception (D&D)," in Cyber Wargames, ed., *Sushil Jajodia*, New York: Springer, 2015.

[④] Erik Gartzke and Jon R. Lindsay, "Weaving Tangled Webs: Offense, Defense, and Deception in Cyberspace," *Security Studies*, Vol. 24, No. 2, 2015, p. 343.

[⑤] Colin S. Gray, "Strategic Thoughts for Defence Planners," *Survival*, Vol. 52, No. 3, 2010, pp. 159 – 178.

[⑥] Stéphane Lefebvre and Roger N. McDermott, "Intelligence Aspects of the 2008 Conflict Between Russia and Georgia," *Journal of Slavic Military Studies*, Vol. 22, No. 1, 2009, pp. 4 – 19; Timothy L. Thomas, "The Bear Went Through the Mountain: Russia Appraises its Five – Day War in South Ossetia," *Journal of Slavic Military Studies*, Vol. 22, No. 1, 2009, pp. 31 – 67.

过改变其在美国服务器上的网站的主机，将其移动到光纤连接带宽更宽、系统管理员更机敏的环境中，成功避开了 DDoS 攻击。[1] 而即便是震网病毒也没有迫使伊朗放弃核计划，反而使其迅速强化了自身网络部队的建设。[2] 网络攻防平衡最为核心的一点还在于对手会通过修复被攻击的漏洞而降低自身系统的脆弱性。[3] 发动网络攻击的过程其实也是帮助对手揭示其系统漏洞的过程。所以网络攻击越频繁，后续攻击的难度也就越大，网络攻击的效果也就相应被削弱。由于网络防御能力的差别，相同频度的网络攻击也会产生不同的攻击效果（如图 3 所示）。

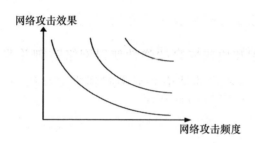

图 3　网络攻击频度与攻击效果示意图

资料来源：笔者自制。

　　综合网络攻击与网络防御两方面来看，两者之间事实上存在着巧妙的平衡与辩证统一。在一轮接一轮的军事技术革命中，从来都

---

[1]　马丁·利比基：《兰德报告：美国如何打赢网络战争》，薄建禄译，第 103 页，Stephen Korns, "Botnets Outmaneuvered: Georgia's Cyberstrategy Disproves Cyberspace Carpet - Bombing Theory," *Armed Forces Journal*, January 1, 2009, http://armedforcesjournal.com/botnets - outmaneuvered/.

[2]　Paul K. Kerr, John Rollins and Catherine A. Theohary, *The Stuxnet Computer Worm: Harbinger of an Emerging Warfare Capability*, Washington: Congressional Research Service, 2010; David Albright, Paul Brannan and Christina Walrond, *Did Stuxnet Take Out 1, 000 Centrifuges at the Natanz Enrichment Plant?* Washington, D.C.: Institute for Science and International Security, 2010.

[3]　Gregory Rattray and Jason Healey, "Categorizing and Understanding Offensive Cyber Capabilities and Their Use," in Committee on Deterring Cyberattacks, ed., *Proceedings of a Workshop on Deterring Cyberattacks: Informing Strategies and Developing Options for U. S. Policy*, p.79.

是兵来将挡水来土掩，网络攻防的水平都会不断提升，网络武器越强大，网络防御的意识也越高；进攻方对网络技术隐蔽、快速的特点进行利用，防御方则通过欺骗、设置冗余和快速修复进行应对。尽管越来越多的国家建立起网络部队，并将网络武器投入实战，但这同时引起了更多国家对网络安全的重视，并在此基础上凝聚共识、制定规则。许多非国家行为体对网络攻击的参与也唤起了社会中各行各业广泛的网络安全意识，以期共同应对网络威胁。尽管网络武器有着不同寻常的效用，但单纯依靠网络攻击即可将对手一击即溃的论调更多属于假想。[1] 网络力量所具有的真正战略意义是创造有利于己方而不利于对手的环境，即通过战术网络战发挥作用。[2] 而当网络与其他手段相结合时，真正具有决定性意义的往往不是某一项新技术、新武器的使用，而是通过灵活的军事战略原则和排兵布阵最大限度地发挥自身作战优势，打击对手的弱点。

综上所述，虽然目前在网络空间攻击和防御之间仍然是非对称的，攻击相比防御仍然具有一定的优势，但从国家安全框架下来看，攻击和防御仍然是相对平衡的，并没有出现攻击方占据压倒性优势从而单方面改变游戏规则的现象。

三、网络攻防非对称均衡提供了重新
确立网络威慑的基础

在网络攻防平衡的前提下，传统威慑理论在网络空间中的运用

---

① Martin Libicki, "Cyberspace Is Not a Warfighting Domain," *I/S：A Journal of Law and Policy for the Information Society*, Vol. 8, No. 2, 2012 – 2013, pp. 321 – 336; Colin S. Gray, *Making Strategic Sense of Cyber Power：Why The Sky Is Not Falling*, Strategic Studies Institute and U. S. Army War College Press, 2013.

② John B. Sheldon, "Deciphering Cyberpower：Strategic Purpose in Peace and War," p. 103.

得到确立。威慑作为一种古老的战略思想一直是国家应对战争威胁的主要手段。威慑的核心环节是劝服对手（convince），使其相信采取行动的后果是不利的。① 清晰地表达意图并展示相应的实力是关键所在。而产生这种心理效果的前提是信息对称，即双方对于进攻、防御以及报复的效果都有比较清晰的认识，可以计算出利弊得失。② 威慑主要分为拒止和报复两大类。③ 所谓拒止就是通过足够强大的防御来削弱对手进攻成功的可能性、减少其进攻得手所带来的收益，但拒止需要付出巨大的防御成本；而报复则是通过给对手的攻击行为施加严重的后果，使其不愿付出可怕的代价而放弃行动。20 世纪初期的军事学说仍然强调防御，例如通过修筑马其诺防线来实现拒止威慑。而随着军事技术的发展，防御的漏洞变得越来越明显。到了二战时期，闪电战、进攻崇拜成为了军事作战领域的新潮流。冷战时期，由于核打击几乎无法防御，更多的战略重心放在了报复威慑上，即通过相互确保摧毁来避免战争的发生。尽管如此，冷战中后期，美苏两国仍然通过建立导弹防御获取一定程度的拒止威慑，试图打破所谓的恐怖平衡。而冷战结束后，威慑仍然是 21 世纪美国国家安全战略的核心。为了应对更加复杂的安全威胁，美国在 2003 年又提出了定制威慑（tailored deterrence）的概念，即根据对手不同的身份、利益、认知以及决策过程，在不同的背景下施加相应的威

① Lawrence Freedman, *Deterrence*, Malden, MA: Polity Press, 2004, p. 6.

② Albert Wohlstetter, "The Delicate Balance of Terror," *Foreign Affairs*, Vol. 37, 1959, pp. 211 - 234; Bernard Brodie, *Strategy in the Missile Age*, Princeton: Princeton University Press, 1959; Thomas C. Schelling, *The Strategy of Conflict*, Cambridge, MA: Harvard University Press, 1960; Robert Jervis, "Deterrence Theory Revisited," *World Politics*, Vol. 31, No. 2, 1979, pp. 289 - 324; Patrick M. Morgan, *Deterrence: A Conceptual Analysis*, 2nd ed, Beverly Hills: SAGE, 1983; Robert Jervis, R. N. Lebow and J. G. Stein, eds., *Psychology and Deterrence*, Baltimore: Johns Hopkins University Press, 1985.

③ Glenn H. Snyder, *Deterrence and Defense: Toward a Theory of National Security*, Princeton: Princeton University Press, 1961.

慑手段，最终影响对手的利益计算。① 从 2011 年至 2015 年，美国白宫和国防部陆续发布《网络空间国际战略》《网络空间行动战略》及其修订版本，这些文件将传统威慑战略引入到了网络空间。

在网络空间中，报复威慑主要涉及"向谁报复""在何种情况下报复"以及"如何报复"三个方面的问题。诚然，这三个问题有可能影响报复威慑的可靠性和有效性。根据以往的分析而言，在网络空间中所有人都可以采用匿名身份，唯一有效的追踪方式是 IP 地址。而由于各种加密、代理技术的发展，成功定位攻击发起者并予以及时还击几乎是难以实现的。② 即便能够找到幕后真凶，如果攻击者所在国不给予相应的协助，也根本无法启动司法程序。更不用说这其中还涉及许多没有定论的国际制度合作问题。在这种情况下，报复错误还可能树立新的敌人。报复威慑还面临着划线困境（艾奇逊困境），即清楚地界定什么样的行为会遭到报复意味着对那些没有触及红线的挑战束手无策。③ 而广泛的承诺显然难以全部兑现，最终将削弱承诺的可信度。此外，根据国际法上的对称性原则，通过网络来反击对手发动的网络攻击似乎是比较妥当的。但如果反击的力度较弱就无法通过让对方付出沉重的代价来迫使其改变行为，网络攻击仍将继续；如果发起强有力的反击，甚至不惜动用网络以外的军事手段，则很有可能引发冲突升级。然而，这三个问题并不必然存在，也并非没有解决方法。在一定的情况下，报复威慑可以通过划定较为清晰的威慑目标、设定可靠的报复门槛、建立和展示可信

① Kevin Chilton and Greg Weaver, "Waging Deterrence in the Twenty - First Century," *Strategic Studies Quarterly*, Spring 2009, pp. 31 - 34.

② Larry Greenemeier, "Seeking Address: Why Cyber Attacks are So Difficult to Trace Back to Hackers," *Scientific American*, June 11, 2011, http://www.scientificamerican.com/article/tracking - cyber - hackers/.

③ 美国国务卿艾奇逊曾在 1949 年发表讲话明确美国的海外核心利益。美国明确谈到将对哪些国家进行保护使其免遭苏联入侵的威胁，但没有提到韩国。当 1950 年朝鲜战争爆发后，人们质疑正是因为没有给与韩国安全保护的承诺从而鼓舞了苏联阵营发动大规模进攻。

的报复力量予以确立。

　　具体而言，首先，关于"向谁报复"的问题，网络威慑的目标是比较清晰的。威慑的对象应该是那些企图利用网络对本国造成严重袭击的对手。这种网络袭击的严重程度应当与军事行动可能造成的后果基本相当。所以威慑的对象必须符合两点：1. 明确的敌人而不是其他对象；2. 严重的大规模网络攻击。① 一些批评网络威慑不可行的观点实际上错误地将威慑对象扩大化了。网络黑客、网络间谍（牟利）、网络犯罪等活动确实难以归因并及时报复，但这些行为既不一定是敌人所为，所采用的隐匿攻击或分布式拒绝服务攻击也一般无法造成严重的后果。由于本来就没有达到直接影响国家安全的程度，也就不在威慑的范围之列。网络恐怖主义是否属于威慑对象同样值得怀疑。绝大多数的恐怖组织利用网络进行活动策划与协调、募集资金、招募支持者、宣传思想以及搜集情报等工作。② 当然，恐怖组织也会利用网络进行黑客攻击，但研发复杂的高级网络武器并实施大规模网络攻击对于恐怖组织来说性价比不高，③ 也未必能够造成所期望的恐怖效果。④ 如果是国家行为体发动的大规模网络攻击，那么归因问题很有可能不言自明。网络攻击与现实世界有着密切的关联。许多观点过分强调了网络技术为一种有效的手段，而忽视了更为关键的目的性因素，即为何要发动网络战。⑤ 所谓战争就是己方

　　① Patrick M. Morgan, "Applicability of Traditional Deterrence Concepts and Theory to the Cyber Realm," in Committee on Deterring Cyberattacks, ed., *Proceedings of a Workshop on Deterring Cyberattacks: Informing Strategies and Developing Options for U. S. Policy*, p. 58.

　　② Evan F. Kohlmann, "The Real Online Terrorist Threat," *Foreign Affairs*, Vol. 85, No. 5, 2006, pp. 115 - 124; Timothy L. Thomas, "Al - Qaida and the Internet: The Danger of 'Cyperplanning'," *Journal of Range Management*, Vol. 43, No. 4, 2003, pp. 344 - 346.

　　③ Irving Lachow, "Cyber Terrorism: Menace or Myth," in Franklin Kramer, Stuart Starr and Larry Wentz, eds., *Cyberpower and National Security*, Dulles: Potomac Books, 2009, pp. 442 - 447.

　　④ Sean Lawson, "Beyond Cyber - Doom: Assessing the Limits of Hypothetical Scenarios in the Framing of Cyber - Threats," *Journal of Information Technology & Politics*, Vol. 10, No. 1, 2013, pp. 86 - 103.

　　⑤ Erik Gartzke, "The Myth of Cyberwar: Bringing War in Cyberspace Back Down to Earth," p. 42.

通过运用实力（进攻或防御）、发出威胁（威慑或威逼）或所谓的影子战争（例如外交手段）迫使对手去做己方想要做的事。① 战争是政治的延续，战争作为一种手段必然将清楚地表达政治目的。② 不同的政治目的伴随着不同的网络攻击形式，单纯的牟利行为可能难以被察觉，但如果是试图通过网络施压或者结合网络采取军事行动，那么依靠隐匿攻击无法实现其政治目的。因此，网络威慑所需要应对的大规模网络攻击基本不会受到归因问题的困扰。

其次，关于"在何种情况下报复"的问题，根据上文对网络攻防平衡的讨论可以发现，划定报复门槛的问题是可以得到解决的。由于对手能够通过修复被攻击的漏洞而降低脆弱性，网络攻击频繁度的增加会导致后续攻击的难度上升。单纯依靠战略网络战难以彻底击败对手或迫使其投降，而攻击所产生的附带毁伤和其他不确定性结果反而给攻击者造成巨大的压力。所以，在对待大规模网络攻击时，潜在攻击者或审慎克制，或孤注一掷。既然威慑的目标是劝阻敌人不要发动大规模的网络攻击，那么时不时在重大利益问题上宣示报复政策，将报复的门槛设置得高一些是明智的。那些小规模的网络攻击、网络黑客或是网络间谍行为本来就不在报复对象之列。实施威慑的一方在一些小规模的网络攻击问题上不做出回应并不会削弱其报复政策的可信度，这恰恰是因为这些行为没有达到需要报复的门槛。而从潜在攻击者的角度来说，也不会频繁发动报复门槛以下的一般性网络攻击，因为这样做反而会帮助对手修复漏洞、提升防御力甚至暴露自己。

最后，关于"如何报复"的问题，为了使报复可信，必须展示

① Geoffrey Blainey, *The Causes of War*, New York: Free Press, 1973; James D. Fearon, "Rationalist Explanations for War," *International Organization*, Vol. 49, No. 3, 1995, pp. 379－414.

② Carl von Clausewitz, Michael Howard and Peter Paret, eds. and trans., *On War*, Princeton: Princeton University Press, 1976, p. 87.

（demonstrate）足够的报复力量。由于国家间对于各自是否拥有网络武器以及能够造成多大的伤害并没有客观清醒的认知，再加上为了避免削弱战斗力，许多网络武器和网络行动都秘密进行，结果反而导致报复威慑的可信度降低。在这种情况下，适当"炫耀武力"（"秀肌肉"，brandishing）有助于提升报复威慑的可信度。[①] 展示能够反复侵入到对手敏感网络系统的能力，将使对手感知到己方强大的网络实力。在这一过程中，揭示对手的系统漏洞并成功渗透可以削弱对手对自身网络实力的信心。但由于对手会很快修复漏洞，想要持续渗透面临巨大的挑战。此外，大部分敏感系统都加固了防御措施并与外界隔绝，而高强度的侵入方式可能导致冲突升级。所以"炫耀武力"同样存在一定的挑战和风险。除了直接向对手"炫耀武力"之外，报复威慑的可信度还取决于本国在网络安全问题上一贯的行为模式、他国对本国整体的军事科技水平的认知（本国军事力量的国际声望）以及在特定情况下使用网络武器的可能性。美国通过公开宣示威慑政策、发动震网病毒攻击并开展大量网络战演习，已经充分展示了强大的网络实力。美国使用震网病毒一事并没有在美国国内遭受广泛质疑，[②] 就连 DARPA 被披露正在研发网络武器一事也没有受到谴责。[③] 与此同时，英国和加拿大等国家也表示支持网络先发制人的策略。[④] 2016 年，美国和英国公开宣布对"伊斯兰国"恐怖组织发动网络攻击。而此前俄罗斯被指对爱沙尼亚和格鲁吉亚发动的网络攻击同样展示了其强大的网络实力，从而提升了网络威慑的可信度。

---

① Martin C. Libicki, *Brandishing Cyberattack Capabilities*, Santa Monica: RAND Corporation, 2013.

② David Sanger, "Obama Order Sped up Wave of Cyberattacks Against Iran," *New York Times*, June 1, 2012, p.1.

③ Ellen Nakashima, "With Plan X, Pentagon Seeks to Spread U. S. Military Might to Cyberspace," *Washington Post*, May 30, 2012, p. A1.

④ Agence France - Presse, "Cyber Strikes a 'Civilized' Option: Britain," *Technology Inquirer*, June 3, 2012, http://technology.inquirer.net/11747/cyber - strikes - a - civilized - option - britain.

　　同时，可信的报复力量不应局限于单一的网络攻击武器，而是应当结合不同类型的威胁定制不同的报复工具，将威慑政策、法律手段、外交手段、经济制裁、网络攻击甚至传统军事手段混合使用，才能灵活应对各种挑战。[1] 尽管用网络手段报复网络攻击的做法既符合国际法中的对称原则，又可以避免冲突升级，跨域威慑（cross domain deterrence）反而能起到更好的效果。[2] 比如网络反击显然是无法应对网络间谍行为的。除了归因问题之外，网络间谍行为本身就说明了对手并不拥有值得窃取回来的资产。所以，通过提高对手的经济成本，包括使用制裁、关税和外交施压等工具，或许比网络反击更能从根本上影响对手的行为。而在威慑大规模网络攻击的问题上，跨域威慑迫使对手顾忌报复手段的不确定性。为了规避遭受大规模报复的风险，对手往往会选择稳妥的攻击方式或者干脆放弃攻击。美国的威慑战略中没有具体明确报复的手段，而是采取一种战略模糊，将多种手段组合到一起，从中选择最合适的报复方式。美国国防部国防科学委员会在其2013年发布的《弹性军事系统与高级网络威胁》报告中指出，为应对高级别的网络威胁，美国将不惜动用网络力量、常规力量甚至核力量来维护安全利益。[3] 而俄罗斯对大规模网络攻击的立场同样是会选择任何战略武器进行回应。[4] 英国

---

① William A. Owens, Kenneth W. Dam and Herbert S. Lin, eds., "Technology, Policy, Law, and Ethics Regarding U. S. Acquisition and Use of Cyberattack Capabilities," *National Research Council*, 2009, Chapter 1, http: //www3. nd. edu/ ~ cpence/eewt/Owens2009. pdf.

② Patrick M. Morgan, "Applicability of Traditional Deterrence Concepts and Theory to the Cyber Realm," p. 68.

③ Defense Science Board, "Resilient Military Systems and the Advanced Cyber Threat," January 2013, pp. 7 –8, pp. 85 –86.

④ Stephen Blank, "Can Information Warfare Be Deterred?" *Defense Analysis*, Vol. 17, No. 2, 2001, pp. 121 –138; Matthew Campbell, " 'Logic Bomb' Arms Race Panics Russians," *The Sunday Times*, November 29, 1998; Timothy L. Thomas, "The Russian View of Information War," in Michael H. Critcher, ed., *The Russian Armed Forces at the Dawn of the Millennium*, Center for Strategic Leadership, U.S. Army War College, 2000, pp. 335 –360.

和法国也将严重的网络攻击等同于传统军事行动，并保留在极端情况下动用战略武器进行反击的权利。① 跨域威慑似乎有些"疯狂"，但威慑战略的成功恰恰需要那么一点非理性成分。因为如果进攻方认为受害方将始终保持理性，不会愿意冒冲突升级的风险，那么受害方的威慑策略可能就失败了。②

此外，拒止威慑的效用及其必要性也不容忽视，毕竟报复威慑并非万灵药。就像打击犯罪一样，尽管强化了多种手段，但犯罪分子依然层出不穷，很难确保哪些威慑必然是有效的。报复威慑也不能被指望用来应对更加广泛的网络黑客、网络牟利、网络抗争等行为。尽管网络大国之间在网络威慑的框架下能基本维持战略稳定，但仍然可能由于缺乏透明度而导致战略互疑、军备竞赛和误判。而如果对手真的孤注一掷，不顾后果也要发起攻击，那么无论如何强调报复都无济于事。所以万一报复失灵，良好的防御总是可以尽量将损失减少到最小。在网络空间中，拒止和报复作为威慑战略的两种形态是相互补充、辩证统一的关系。攻防双方的拒止和报复存在互动关系。对手的防御越弱，己方报复的可信度也就越高。所以高度可信的威慑战略需要同时兼顾拒止和报复能力的建设。由于大部分网络攻击都是利用系统漏洞发起的，所遭受的网络攻击的严重程度也就取决于自身的能力建设。③ 网络威慑与核威慑的一大区别就在

① Cabinet Office, National security and intelligence, HM Treasury, and The Rt Hon Philip Hammond MP, *National Cyber Security Strategy* 2016 *to* 2021, November 1, 2016, https://www.gov.uk/government/publications/national–cyber–security–strategy–2016–to–2021; Ministry of Foreign Affairs and International Development, France, "France and cyber security," December 2014, http://www.diplomatie.gouv.fr/en/french–foreign–policy/defence–security/cyber–security/.

② Patrick M. Morgan, "Applicability of Traditional Deterrence Concepts and Theory to the Cyber Realm," p.61.

③ 分布式拒绝服务攻击是个例外，但实际上像军队、电厂等基本上都在很少与外界交互的情况下可以运转，所以分布式拒绝攻击只是网络攻击危害中的次要因素。参见马丁·利比基：《兰德报告：美国如何打赢网络战争》，薄建禄译，第4页。

于网络防御可行而且必要。① 报复威慑可以减少网络防御的资金投入，反过来网络防御也可以提升报复威慑的可信度。网络防御能力越强，报复威慑被考验的机会就越少。优秀的归因能力显然是网络防御的重点之一。尽管不应将其绝对化，但归因能力显然是越强越好。而即便遭受了网络攻击，良好的防御使得普通攻击基本无效，同时又确保了实施反击的可能性，进一步强化了报复威慑的可信度。② 美国《国防科学委员会网络威慑专题小组最终报告》明确指出，网络威慑需要结合报复能力和网络弹性，包括对网络攻击的归因能力、关键基础设施的恢复能力以及其他重要的网络安全创新技术。③ 人们可能无法区分清楚对手没有发动攻击究竟是因为担心被报复还是因为防御抵消了攻击的效果。这就像学界至今无法明确界定威慑究竟何时有效、何时失效一样，但至少战争在总体上被避免了。

四、案例分析

在上述网络威慑的框架下，根据国家对网络的依赖程度和常规军事实力大致可以划分出四类国家：依赖网络且拥有强大的常规军事实力（A 类）；依赖网络但常规军事实力较弱（B 类）；不依赖网络但拥有较强的常规军事实力（C 类）；不依赖网络且常规军事实力较弱（D 类）。其中，国家对网络的依赖程度是一个重要的指标，可以参考国际电信联盟（ITU）发布的《衡量全球信息社会发展水平

---

① Patrick M. Morgan, "Applicability of Traditional Deterrence Concepts and Theory to the Cyber Realm," pp. 75 – 76.
② 马丁·利比基：《兰德报告：美国如何打赢网络战争》，薄建禄译，第 69—70 页。
③ Defense Science Board, "Task Force on Cyber Deterrence," http://www.dtic.mil/dtic/tr/fulltext/u2/1028516.pdf.

报告》（*Measuring the Information Society*）。① 网络攻击的程度越严重，所能够摧毁的社会财富数量越大，但最终趋向于一个定值。这个值的大小是由不同国家对网络不同的依赖程度所决定的（如图 3 所示）。依赖网络的国家一般对于网络攻击极为敏感，而不依赖网络的国家也很有可能不信任网络的效用。在上述四类国家中，D 类国家一般不具备较强的网络攻防能力，同时由于军事实力有限，也难以想象会向大国发起网络攻击。因此，这里主要探讨 A 类国家之间以及 A 类国家与 B 类和 C 类国家可能发生网络冲突的情景。A 类国家与 B 类国家之间的网络冲突最为接近的案例是俄罗斯被指对爱沙尼亚发动网络攻击。由于攻击已经发动，所以在这个案例中威慑其实是失效的。但俄罗斯所展示出的强大实力为其今后威慑其他 B 类国家增强了可信度。由于 B 类国家依赖于网络，所以只要对手具备强大的网络进攻能力，那么后果往往极其严重。再加上在常规军事冲突中处于下风，所以 B 类国家在与 A 类国家的对抗中居于劣势。反过来，A 类国家对于 B 类国家的网络威慑也就有效。A 类国家与 C 类国家间的网络冲突最为相似的案例是朝鲜被指入侵索尼影业而遭到美国实施"断网"打击。C 类国家虽然不依赖于网络，但可能拥有较强的网络进攻能力，且军事实力较强。当 A 类国家遭到 C 类国家的网络攻击后，反制措施的选择余地其实有限。因为对手不依赖网络，所以网络反击的效果不大。由于对手军事实力较强，为了避免冲突升级（尤其在朝鲜的案例中要避免迫使对方运用战略武器），A 类国家必须控制反击的力度，将冲突升级的主导权掌握在自己手中；但为了确保威慑的可信度又必须采取明确的报复措施。因此发动网络反击既可以展示报复的

① International Telecommunication Union，*Measuring the Information Society Report* 2015，http：//www. itu. int/en/ITU – D/Statistics/Documents/publications/misr2015/MISR2015 – w5. pdf.

决心，又不会因为造成严重后果而导致冲突升级。如果对手不为所动、持续攻击，那么 A 类国家仍然可以选择其他更加严厉的手段进行报复。因为有了上一轮的铺垫，此时宣示进一步报复的可信度也更高。而只要展示出强大的网络实力、制定灵活的应对策略并宣誓坚定的威慑意图，A 类国家间爆发大规模网络冲突的可能性较低。根据网络攻防平衡的关系，一般性的网络攻击都无法对双方产生较大的影响，而攻击越频繁则越有可能强化对手且暴露自己，因此双方都会保持审慎和克制。由于双方都依赖网络，

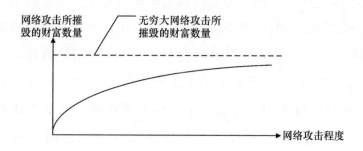

图 4　网络攻击程度与所摧毁财富数量的关系示意图

资料来源：笔者自制。

发动大规模网络攻击可能获得暂时的优势，但考虑到双方的军事实力对比大致处于平衡状态，为了避免对手大规模报复所引发的灾难性后果，大规模网络攻击仍然会被慑止。

五、结论

网络或许是以接近光速的速度在运转，但决策的关键还是要落实到人的思考和判断。只要各国逐步形成准确的关于网络空间的共有知识，并采取恰当的网络威慑战略，网络技术革命就不会危及大

国战略稳定或颠覆国际秩序。共有知识的内涵包括对网络攻防、归因和其他网络活动的技术特征及其政治后果的共同理解和预期。这种共同的理解和预期需要以客观分析为前提，而夸大的威胁或是错误运用理论则将对其产生负面影响，能否形成共同的理解和预期将最终导致完全不同的国家行为模式。例如信奉网络进攻占优思想的国家会倾向于先发制人，试图通过速战速决的方式赢得胜利，并导致网络战的频率增加。然而，网络攻防之间存在着辩证统一的关系。要确保一次成功且高效的网络攻击需要细致周密的前期准备。而由于攻击对象的系统可能十分复杂，所以准备工作往往耗时费力，并非如想象中那样轻而易举。由于对手可能很快修复漏洞并恢复系统，要持续进行有效攻击就变得更加困难。对于因为难以归因而导致网络攻击频繁的担忧实际上忽略了任何战争都带有明确的政治目的，而隐藏身份是无法表达意图或迫使对手改变行为的。低烈度的网络安全事件可能十分普遍，但网络战基本不会是隐蔽的单方面行为，而是在双方甚至多方战略互动和政治博弈的大框架下进行。以突然袭击方式发起网络攻击的构想经常被誉为拥有"四两拨千斤"的神奇效果，而实际上效果有限，门槛较高，后果难以控制。这不仅仅是指传统军事行动中所面临的信息不对称问题，更主要的原因是网络空间的快速变化。目标系统可能已经修复漏洞或更换硬件、软件，从而导致攻击无效。实施攻击也可能造成未知的技术、政治和法律层面的连锁反应，甚至反噬自己。这种不确定性使得单纯的网络攻击难以产生致命的效果，也就无法从根本上改变国家间的力量对比。因此，如果能够在网络攻防平衡等关键问题上形成准确的共有知识，将可避免各国发动投机性的冒险行为或在受到攻击而归因能力有限时采取过度反应。

对于网络攻防平衡的认识很大程度上化解了传统威慑战略，尤其是报复型威慑在网络空间中所面临的障碍。当面临大规模网络攻击时，归因问题往往不言自明，大幅度压缩了基于一厢情愿思维模式或者错误信息实施投机性先发制人攻击的空间；而由于网络攻防平衡的态势，网络攻击的自我遏制消除了划线困境；通过适度的"炫耀武力"并结合"跨域威慑"的报复手段可以提升网络威慑的可信度。在网络威慑的框架下，报复和拒止作为威慑的两种形式存在辩证统一的关系。由于报复型威慑难以排除意外战争或是非理性行为的风险，良好的防御依然可以作为必要的补充来减小损失。而强大的网络防御能力本身又可以提升报复的可信度，从而慑止潜在对手。由于冲突升级的结果仍然受制于国际关系中的传统因素，即便发生网络战，也往往是在大国攻击小国的过程中发挥作用。小国由于实力有限，而网络并不能彻底改变力量对比，所以以弱胜强的可能性很小。而网络技术的发展进一步拉大了国家间力量对比的不平衡。目前的网络战案例也都支持这一判断。因此，当对方也依赖于网络时大国对大国以及大国对小国能够确立网络威慑。此外，可靠的网络威慑也取决于国家自身能力的建设。各国通过政策宣示阐述自身的网络核心利益，明确不同程度的网络攻击可能面临的反制措施，并围绕这些问题形成长期的沟通协调机制，从而长期维护战略稳定。

"政府—市场—社会"的多元共同治理模式：全球互联网产业发展及对上海的启示

姚　旭[*]

摘　要：互联网产业迅猛发展，技术创新和商业模式创新异常活跃，同时也提出了一个重要的问题，应该如何对互联网产业进行有效治理，使得互联网产业可以在飞速发展的同时，保持良好健康的状态。从全球互联网产业发展的实践来看，中国逐渐和美国一同成为第一集团，"政府—市场—社会"的多元共同治理模式在效率与安全间不断寻求平衡点。对中国尤其是上海而言，互联网产业发展还有很长一段路要走，虽然取得了惊人的成绩，也依然面临诸多问题。上海的互联网产业发展是中国的试金石，需要巩固传统优势、提升营商环境、强化人才引进、建立更灵活的融资机制，保证上海和中国握紧互联网产业发展下半场的门票。

关键词：多元治理　互联网产业　"政府—市场—社会"　上海

自 20 世纪 90 年代起，互联网逐渐显示出强烈的外溢效应，从

---

* 姚旭，博士，同济大学国家创新发展研究院副研究员、复旦大学发展研究院特邀研究员。

方方面面开始改变现实世界的规则与逻辑，将虚拟世界和现实世界的边界不断拓展与融合。1995—1999 年，美国总计有包括亚马逊、雅虎在内的 1908 家公司上市，1999 年新上市公司有 78% 来自科技领域，共有 289 家与 IPO 相连，筹集资金 246.6 亿美元，[①] 形成凶猛的"互联网浪潮"。但随后不久，"浪潮"迅速变为"泡沫"，股价上涨使美国社会总财富增加了 14 万亿美元，其中"互联网泡沫"占到 1/3 以上。[②] 2000 年 3 月 10 日，纳指创出 5132 点的历史新高后开始崩盘；4 月 3 日，微软被判违反《谢尔曼法》，更是引发后续的股市踩踏行情。2002 年 10 月 9 日，纳指见底于 1114 点，超过 4.4 万亿美元市值蒸发，总市值跌破 2 万亿美元，近一半的科技公司破产，一度迅速膨胀的互联网泡沫以破灭而告终。[③] 十几年来，互联网产业迅猛发展，技术创新和商业模式创新异常活跃，在全球范围内形成了新一轮创新热潮，不断推动经济社会各个领域变革。[④] 人类历史上第一次以互联网产业为主体的泡沫崩盘提出了一个重要的问题，应该如何对互联网产业进行有效治理，使得互联网产业可以在飞速发展的同时，保持良好健康的状态。这一问题对于已进入互联网产业发展第一集团的中国、对于中国科技创新与金融创新中心的上海，都有非同凡响的价值。

---

① 申万宏源：《纳斯达克互联网泡沫启示录》，http://www.swsresearch.com/cn default.aspx。

② 王春法：《新经济是一种新的技术—经济范式》，载《世界经济与政治》2001 年第 3 期，第 36 - 43 页。

③ 杜传忠、郭美晨：《20 世纪末美国互联网泡沫及其对中国互联网产业发展的启示》，载《河北学刊》2017 年 11 月，第 37 卷第 6 期，第 147 - 153 页。

④ 罗文：《互联网产业创新系统及其运行机制》，《北京理工大学学报（社会科学版）》，2015 年 1 月，第 62 - 69 页。

一、"政府—市场—社会" 的多元共同治理：
全球互联网产业发展的四大经验

互联网在中国经过 20 多年的发展，正逐渐成为提振城市经济发展、服务社会民生的新引擎。在这一波澜壮阔的发展历程中，老牌巨头依然驰骋，新的玩家不断进入并崭露头角。其中，美国的硅谷、以色列的特拉维夫成为 "创新" 的代名词与聚集地。中国作为后起之秀，多个城市形成互联网产业核心节点，促进了城市与互联网产业协同发展，上海、北京、深圳、杭州等城市在互联网产业扶持、人才培养、资源融合等方面，也探索出很多值得借鉴的经验。

（一）产业与研究深度融合的 "硅谷模式"

"硅谷" 时至今日也依然是互联网科技创业企业最具活力的代名词。美国作为全球范围内的先行者，以硅谷为范本打造了世界互联网产业的发展模板。以旧金山湾区附近区域为核心的 "硅谷" 肇始于 20 世纪初，借由斯坦福大学、湾区海军基地、惠普和仙童半导体成立，其发展模式可以被清晰地描述为——

以高校科研能力为基础，鼓励科研人员投身产业界或参与投资，培育并壮大科技创新公司形成集群效应，利用盈利反哺科研投入，不断强化技术能力。

"硅谷模式" 的核心节点是斯坦福大学，与产业界的密切合作使得斯坦福大学在研究中有充沛的资金支持，而基础科学研究和创新应用研究是推动产业发展不可或缺的关键因素。

斯坦福大学鼓励教授与产业界和投资人的密切沟通，鼓励科研人员自主创业，将自身的研究成果进行市场验证，获得市场认可并盈利后形成"研究—资本—产业"间的正向循环。斯坦福大学电子工程系副教授詹姆斯·克拉克就是标志性人物，从 1982 年开始，克拉克和学生一起创业，相继创立了一系列著名的科技公司，典型的案例包括为电影《侏罗纪公园》提供特效支持的高性能计算机制造商"硅图"（Silicon Graphics）、引爆华尔街第一代浏览器先驱"网景"（Netscape）等。在网景的案例当中，克拉克用 400 万美元的初始投资，在 5 年后获得 12 亿美元的回报。[1] 已故著名华裔物理学家、斯坦福大学的张首晟教授在 2013 年和学生一起创立丹华资本，投资中美科技类初创企业，[2] 根据天眼查数据显示已有超过 130 个项目投资，将科学思维、技术理解与投资紧密结合，通过投资 VMware 获得上百倍回报。风险投资所提供的资本和增值服务是互联网企业和互联网行业发展所需要素，[3] 如果将风投资金和技术发展储备紧密结合则是更重要的理论实践结合探索后至关重要的模型。

（二）政府与市场协同的产业集群激励机制

在机构层面上，麻省理工大学（MIT）的商业化机制非常有代表性。MIT 的技术专利注册办公室就是协助科研人员快速评估技术的商业价值并申请专利保护的专业机构，同时帮助投资人、科研人员和创业公司进行信息对接，让几方同时获益。该办公室设立详细的准则用来约束并指导技术商业化的全过程，例如，一方面强调技

---

① The fabulous life of billionaire Netscape founder Jim Clark, Business Insider, https：//www. businessinsider. com/the‐fabulous‐life‐of‐jim‐clark‐2015‐2.

② 《中国需要更多从 0 到 1 的创新》，国家自然科学基金委员会，http：//www. nsfc. gov. cn/csc_phone/kqkd29/kjyq1/20868/index. html。

③ 张本谦：《风险投资对我国互联网产业发展的影响》，载《山东省工会管理干部学院学报》2011 年第 5 期，第 61‐63 页。

术转让和创业活动不能动摇基础研究和知识传播的核心学术使命，另一方面要求学校员工在创办公司之前，必须与学校签署"避免冲突声明"，承诺不会接受公司除工资外的额外资金。MIT明确公司创设后就不能再在学校内部孵化，且学校可以技术入股，以校方的专利使用费权益换取初创公司的股权，且明确了技术发明人专利权使用费的分配方式。公司一旦接收到专利费用，在付给办公室15%后，需要将剩下的部分给创始人、学术研发部门和校内通用基金各分配1/3，鼓励创业的同时保障各方利益，令学校的学术支持和资金支持可以持续滚动。①

在园区层面上，中关村由1980年几个中科院技术人员建立的"小区技术发展服务部"开始，逐步"从菜地里长出了计算机"，从一个曾经的"村"扩展为五园一区，走出了包括第一代门户网站、京东、百度、美团、字节等引领时代风潮的互联网巨头。迄今为止，中关村创新型企业的设立依然还在加速，新华网论述在中关村的辐射和影响下，北京全市平均每天新设199家创新型企业、80家"独角兽"数量居全国首位。② 中关村的发展史就是深化体制机制改革和政策先行先试、释放创新创业活力的历程。草创期面临的所有制、分配机制和人员编制问题，都随着成长不断解决，现在的重点则是落在科技成果使用、处置和收益权的"三权改革"，股份制改革、股权激励、区域股权转让代办等一系列试点政策。这些试点政策的目的是让初创团队尤其是技术团队，能够在科技成果转化中获得更多的权益。例如，北航就在"三权改革"当中突破了之前科研成果处置800万元以上由单位主管部门审批、财政部备案的框框，科研团

---

① O'Shea, R., Allen, T. and Morse, K, "Creating the Entrepreneurial university: The Case of MIT," Presented at Academy of Management Conference, Hawaii, 2005.

② 《北京去年每天新设创新型企业199家》，新华网，2019年9月，http://www.xinhuanet.com/tech/2019-09/26/c_1125040834.htm。

队可以获得成果处置收益的 70%，极大激发科研人员参与产业创新的积极性。①

　　在国家层面上，以色列很有代表性。以色列全国已形成四大产业集群区，包含 27 个覆盖各行各业的创新高科技园区，其中特拉维夫拥有 5000 家初创企业，是仅次于美国硅谷的全球初创企业第二多城市。集群化的高科技企业已成为以色列创新驱动型经济的骨干力量，它的建构主要源自本土高科技企业的兴起与发展以及知名跨国企业的入驻与合作，而背后的推动因素则是以色列高度重视的初创企业资金支持。以色列政府在 1993 年便出资 1 亿美元成立名为 Yozma 的政府支持项目（希伯来语为"启动"之意），旨在为外国在以色列的风险投资提供诱人的税收优惠，并承诺用政府的资金将任何外国投资进行同样数额的配套。在该项目的助推下，以色列的年度风险资本支出在 1991 年至 2000 年之间增加了近 60 倍，从 5800 万美元增至 33 亿美元。在管理机制上以色列也大胆创新，设立指导与统筹创新工作的专职机构国家技术和创新局（NATI），为进军全球市场的初创企业解决发展性难题。例如，在创新局的框架下，初创企业的资助资金最高能达到申请预算的 85%，而专注技术创新的公司在任何研发阶段都可能获批研发预算 20%—50% 的资助，这一比例对于经济欠发达边境地区的公司可以提升至 30%—60%。最终，获批公司的项目研发成功并商业化后，将通过销售收入来偿还创新局的资助。②

---

　　① 《中关村"三权改革"促创新》，《经济日报》，2015 年 8 月，http://zgc. qianlong. com/2015/0804/2371. shtml。

　　② 张倩红、刘洪洁：《国家创新体系：以色列经验及其对中国的启示》，载《西亚非洲》2017 年第 3 期，第 28 - 49 页。

（三）政府、市场与社会共同关注的人才培养与引进

互联网科技人才对城市发展的贡献不可估量，以阿里巴巴为例，其全球员工数量突破 11 万人，其中 7 万人在杭州总部工作。一方面带来大批高端就业岗位，同时也因为离职人员，为所在城市提供了技术与产业输出反哺。阿里巴巴的工号已经排到了 22 万号以后，证明除了在职的 11 万人外，还有 11 万人已经从阿里离职。类似的情况也出现在腾讯、华为等"老牌"大厂身上，中国互联网江湖中的"阿里系""腾讯系""华为系"创业公司身上无不体现老东家的气质。2019 年中国互联网百强企业的研发投入达到 1538.7 亿元，[①] 研发人员达到了 28.75 万人，有力带动高新技术人才的培养和就业，部分技术已处于国际领先水平。

中关村 40 年的发展也证明人才是第一生产力。中关村不仅依托清华、北大等顶级高校人才资源，对人才的引进和管理也始终在探索过程中。中关村 2018 年制定实施引进人才管理办法和人才管理改革 20 条新政，大力推进外国人来华工作许可证制度改革，细化人才落户和住房等配套措施，为 2300 余名优秀科技创新人才办理引进落户，累计提供人才公租房约 8.2 万套。创新人才加速聚集，在京高校深度参与、有效支撑全国科技创新中心建设，截止到 2019 年培育和吸引诺贝尔奖、图灵奖、埃尼奖科学家 11 名，北京入选全球高被引科学家 90 人，占全国的 36.1%。[②]

深圳近十年来对于保障互联网人才花费了大力气，把互联网产

---

① 《2019 年中国互联网企业 100 强发展报告》，中国互联网协会、工信部信息中心联合发布，2019 年，https://www.isc.org.cn/editor/attached/file/20190814/20190814172235_29273.pdf。

② 《北京举行深化中关村人才管理改革若干措施发布会》，国务院新闻办公室，2018 年，http://www.scio.gov.cn/xwfbh/gssxwfbh/xwfbh/beijing/Document/1624173/1624173.htm。

业专业人才纳入深圳市人才管理范畴，享受相关的政策和待遇。为了支持互联网产业创新人才创业，深圳鼓励互联网产业专业人才申报高层次专业人才认定、产业发展与创新人才奖，营造良好的创新创业环境。另一方面，深圳包容开放多元的城市气质、灵活的人才引进制度对于以年轻人为主的互联网人才也有很大吸引力，相对北京、上海两城而言更低的租房等生活成本、相对容易的落户条件让深圳成为这一波"抢人大战"的赢家。[①]

（四）多元主体关注"头雁效应"，同时警惕超大互联网公司的权力外溢

阿里巴巴和腾讯公司"头雁效应"已日益显著，工信部 2019 年发布《中国互联网企业 100 强发展报告》当中，排名前两名的阿里和腾讯互联网业务收入共计 6895.38 亿元，占百强企业互联网业务总收入的 25%。[②] 以阿里巴巴与腾讯所在的杭州和深圳为例，杭州可以被看作是我国电子商务首创之地，其互联网产业发展可以追溯至 1995 年马云在杭州创办中国黄页。在阿里巴巴的带动下，杭州形成了大规模的互联网集群协同效应，除了"阿里系"之外，催生了一批互联网科技企业。同时，杭州与阿里的合作逐步从电商拓展到金融、物流、云计算、大数据等领域，形成了面对数字经济时代商业和技术全方位的基础设施，促进杭州的产业发展、城市公共服务、城市综合治理等全领域全面走向数字化、智能化。与之类似的还有腾讯、华为等头部网络科技企业与深圳的共生共荣关系。互联网企业由于巨大的规模效应和迅速迭代的技术水平，使得企业的盈利能

---

① 《深圳互联网产业振兴发展政策》，深圳市发展和改革委员会，2018 年，http://www.fgw.sz.gov.cn。

② 《2019 年中国互联网企业 100 强发展报告》，中国互联网协会、工信部信息中心联合发布，2019 年，https://www.isc.org.cn/editor/attached/file/20190814/20190814172235_29273.pdf。

力与想象空间远大于传统行业，因此"头雁效应"和"示范效应"极其明显。

但另一方面也需要警惕，我国互联网产业发展格局正在从"巨头"转向"寡头"。阿里巴巴作为杭州乃至浙江独一档的"宝贝"，其影响力在城市治理中已经不容忽视。阿里系互联网企业已全面覆盖日常生活和服务并部分替代政府治理功能，有能力深度介入政府大数据等管理信息，利用自身资本和影响力渗透金融、传媒等敏感行业，有可能冲击税收、工商等监管制度，扰乱市场竞争规则，影响社会公平公正，增加政府管控风险。一些有识之士坦言，对于超大型互联网企业，不敢管、不愿管、管不了的情况已经出现。许多执法者噤若寒蝉、不愿招惹"寡头"，不同层级的政府监管部门都有同感，担忧这样下去市场规则将难保公平公正。一方面，互联网"寡头"以前所未有的扩张速度在经济、金融、传媒、文化娱乐、现代服务业等众多领域发挥重要影响，并不断向经济社会深层机理渗透，在社会动员能力方面发挥越来越大的作用；另一方面，一些地方政府争相与"寡头"合作，公共管理领域涉及国计民生的数据信息完全掌握在互联网企业手中，令人忧虑。

阿里和腾讯的崛起也对杭州及深圳的互联网科技创业生态产生了严重影响。创业者的好点子大多来源于生活中暂时没有被满足的需求"痛点"，但阿里和腾讯在扩张的过程中几乎没有死角地优先覆盖了杭州和深圳本地。一些业内人士反映，对于杭深两地的新的业务领域，一旦阿里和腾讯看好，便会利用自身客户规模、资金、品牌等优势，要么自己拉队伍、要么收购，迅速消灭可能有威胁的中小企业。因此可以发现，上海的拼多多迅速崛起，北京形成了以头条、美团、滴滴为标志的新一线集团，但杭州和深圳本地再难有与阿里、腾讯核心业务趋同的"进阶"创业公司。

二、上海互联网产业发展历程、现状及面临的问题

从 1994 年开始，中国互联网从无到有，伴随着中国经济高速发展，互联网产业取得了长足的进步，并显示出巨大的活力和旺盛的生命力，在促进经济增长和社会发展中起着越来越重要的作用。[①] 在此过程中，上海由于独特的优势，建设全国乃至全球科创中心成为当仁不让的职责所在。上海的互联网产业与传统强势的制造业、生物、医药等行业紧密结合，取得了相当的成绩，也随发展产生了一系列问题，值得重点关注。

（一）"软硬结合"的上海互联网产业发展模式下盘稳、潜力大

狭义的互联网企业是指在互联网上注册域名，建立网站，利用互联网进行各种商务活动的企业，即为终端层互联网企业。而广义的互联网企业则将与互联网产业相关联的科技制造企业都囊括其中。对于普通民众而言，日常关注的更多是狭义的互联网企业，因为这些"软科技"互联网企业直接面对消费者，有更广泛的知名度。但上海对互联网产业发展的理解是独树一帜的。

1. 从狭义来讲，上海互联网产业发展经历领先、转型和爆发三阶段

上海对新兴产业尤其是互联网科技相关产业的重视并不晚于其他城市。上海互联网产业的发展历史可以追溯至 1998 年易趣成立，

---

① 何菊香、赖世茜、廖小伟：《互联网产业发展影响因素的实证分析》，载《管理评论》2015 年第 1 期，第 138 – 147 页。

在 PC 互联网时代一度遥遥领先，伴随着中国互联网变迁，上海的互联网发展经历了领先、转型和爆发三个阶段。

第一阶段是在互联网刚刚兴起的 PC 互联网时代，上海互联网产业处于领先地位。在电子商务领域，1998 年，国内首家 C2C 电商平台易趣在上海成立并投入运营；1999 年，携程创立于上海，开始提供在线票务服务。随后安居客、1 号店、沪江在线、盛大、九城、巨人、土豆网等企业纷纷出现。从 1998 年到 21 世纪的第一个十年，上海在互联网产业的各个领域皆处于领先地位。

第二阶段是随着新一轮移动互联网发展浪潮兴起，曾经兴盛的第一批上海互联网企业开始寻求转型，新生力量没有得到补充。2011 年至 2013 年，盛大、分众传媒、巨人网络等互联网企业相继退市，2012 年土豆被优酷并购，2014 年腾讯入股大众点评，2015 年安居客被 58 同城收购，盛大转型为投资公司。

第三阶段是近年来一批移动互联网新星开始出现，上海的互联网产业进入爆发阶段。饿了么、哔哩哔哩、拼多多等互联网企业涌现，而部分上海早期互联网企业，例如携程网、沪江网、巨人网络等也在寻求业务转型和整合，继续发展壮大。在 2020 年 6 月，拼多多在不足 3 个月内市值翻倍突破千亿美元，成为继腾讯、阿里、美团之后中国第三家市值迈过千亿美元门槛的互联网公司。

2. 从广义来看，上海形成了"软硬结合"的互联网产业发展模式

此前一度流行的论调认为，上海在 21 世纪的第二个十年已经被北京、杭州和深圳甩开，没有抓住头部互联网企业崛起的时机，错过了布局互联网产业的黄金时期。这一论调并不具备说服力，因为上海的互联网产业发展模式是"软硬结合"。

从"软科技"来看，上海有拼多多、哔哩哔哩、携程、饿了么等直接面向普通消费者、有很高知名度的 ToC 成果。国内横向对比，

无论是上市公司数量还是"独角兽"企业数量，上海皆排名第二，仅次于北京且领先于杭州、深圳等其他城市。截止到 2019 年 12 月，在境内外上市的 135 家互联网企业中，注册地在上海的占比 17%；在我国估值超过 10 亿美元的 187 家网信"独角兽"企业中，上海有 37 家，占比 19.8%。①

从"硬科技"来看，上海更有圈外知名度不高却对互联网产业全链条发展至关重要的 ToB 优势，以作为互联网产业"基础设施"的芯片集成电路产业为例，根据上海集成电路行业协会的数据，2019 年上海集成电路产业规模已经超过 1700 亿，超过全国的 20%。② 在互联网产业应用端的生物、医疗、汽车等诸多领域，上海更是具有雄厚基础。从上海统计局 2020 年 3 月发布的数据来看，上海 2019 年全年节能环保、新一代信息技术、生物、高端装备、新能源、新能源汽车、新材料等工业战略性新兴产业完成工业总产值 11163.86 亿元，比上年增长 3.3%，占全市规模以上工业总产值比重已接近 1/3。上海以"互联网＋"为主要特征的新经济快速发展，2019 年全年新增 58.91 万个就业岗位中，战略性新兴产业有 16.84 万个。③

因此我们认为，互联网科技产业并非拘泥于直接面向消费者的电商、直播、通信等"软科技"范畴，在人工智能、半导体芯片研发与生产、工业互联网体系构建及"互联网＋"的"硬科技"融合领域，上海长期保持领先，"软硬结合"的互联网产业发展模式长期来看下盘稳、潜力大。

---

① 第 45 次《中国互联网络发展状况统计报告》，国家网信办，2020 年，http：//www.cac.gov.cn/2020－04/27/c_1589535470378587.htm。

② 《中国（上海）自贸区临港新片区半导体产业发展高峰论坛召开》，上海市经信委，2020 年，http：//app.sheitc.sh.gov.cn/zxxx/686075.htm。

③ 《上海市工业经济数据》，上海市政府新闻办，2020 年，http：//www.shio.gov.cn/sh/xwb/n809/n814/n835/u1ai13645.html。

3. 上海在人工智能、工业互联网等未来创新领域加固先发优势

在全球互联网产业急速向前推进的过程中，几乎所有前沿技术都以前所未有的深度和广度进行全面融合发展。人工智能、工业互联网、物联网、智慧城市、大数据与机器学习、5G 和新型芯片互相融合，在彼此结合的过程中形成不同的发展方向与落地应用场景，某种程度上已经是"你中有我我中有你"。随着网络物理系统和大数据技术的发展，产业升级和资源提升效率的潜力巨大。①

在人工智能赛道上，上海始终保持前冲态势。

我国 2020 年上半年新增的人工智能相关企业数量超过 14 万家，天眼查数据显示，较 2019 年同比增长 31.35%。人工智能持续火热，是因为其与应用服务相结合催生大量创新智能业务场景，目前部分技术发展水平已经超过人类自身。2019 年，上海市人工智能重点企业已达 1116 家，拥有人工智能企业数占全国的 20.3%，居全国第二，世界第四。规模以上人工智能企业的产值约 1477 亿元，比 2018 年增长 10.7%。②

同时，作为全国工业互联网创新发展先行城市，上海从 2017 年开始就将工业互联网作为全力打响"上海制造"品牌，助力制造业高质量发展，助推制造强国建设的重要战略选项，并进行了一系列工作探索和实践。完善以《上海市工业互联网产业创新工程实施方案》、"上海工业互联网平台和服务商推荐目录"等 2 个文件为核心的政策规划，完成以 5 大功能为核心的战略任务解构，推动电子信息、装备制造与汽车、钢铁化工、生物医药、航天航空、都市等 6 大领域的创新应用，打造工业互联网赋能的"上海案例"，形成以松

---

① Li Da Xu &Lian Duan, "Big data for cyber physical systems in industry 4.0," *Enterprise Information Systems*, Volume 13, Issue 2, 2019, pp. 148 – 169.

② 《人工智能产业发展前景可期》，《中国化工报》，2020 年 7 月，http://www.ccin.com.cn/detail/a18c6154e8afbe6d67c59b2c9f6de8a7。

江为核心，临港、宝山、金山、嘉定等区为支点的工业互联网空间
布局。如中微半导体、上工申贝等聚焦"平台＋生态链"，商飞、电
气、宝信、新力动力、威马等打造"5G＋AI＋工业互联网平台"，
都已成为工业互联网领域的标志性成果。①

（二）调研显示上海互联网企业发展依然面临的问题与挑战

虽然上海在互联网产业发展过程中探索出了一条具有自身特点
的道路，但调研发现沪上互联网企业在初创、运营与发展过程中，
依然有一些问题与困惑亟待解决。

1. 上海三大"传统优势"反致互联网创新创业环境欠佳

上海在近十年的互联网产业发展过程中，没有出现真正现象级
的一线大牌，在 2019 年 8 月工业信息化部发布的"中国互联网公司
百强榜单"中，上海只有拼多多和携程两家公司位列前 20 名，令人
长期质疑上海缺乏互联网基因，创新创业环境不佳。艾昆纬咨询的
投资经理认为："上海的'海派文化'注重规则，形成了上海'规
则社会'的显著特点，但互联网创业其实是在某种程度上重设规则，
或者寻求和既有城市治理规则的新平衡点，上海创业公司总体少于
北京且创业者'闯劲不够强'的现象是现实存在的。"产生这一现
象的原因来源于上海的三方面"传统优势"：

一是上海传统产业底子太厚。上海金融、制造和生物医药等传
统产业始终处于领先地位，对于以互联网科技为核心的新产业、新
模式、新业务普遍有更强的警惕性，这与美国长期强势的信用卡既
有势力对移动支付始终虎视眈眈十分类似。

---

① 《上海：以工业互联网助推制造强国建设》，上海市政府新闻办，2019 年，http://wap.
sh. gov. cn/nw2/nw2314/nw2315/nw31406/u21aw1408687. html。

二是上海的基础服务水平更强。城市服务功能的缺失是导致此前十年 ToC 互联网公司大发展的核心因素，例如，程维创办滴滴时就是因为在北京出差时发现打车实在太困难才萌生想法。上海基础设施与市政治理水平一直相对领先，很少令市民产生巨大的需求敞口。

三是上海的就业环境更加 "舒适"。北京有 33 所 "双一流" 高校，是上海的 2.5 倍，而 23 万人的应届生数量也高于上海的 19 万人，上海高校毕业生竞争压力总体小于北京。同时，上海有全国最多的外资企业，2019 年 4 月的官方统计显示，上海有外资企业 5 万多家、外企总部 677 家，远超国内其他城市，相较于事业单位可以开放更多就业空间，加之此前外企尤其是大型跨国企业普遍有相对较好的工资待遇和上升通道，因此在上海找个好工作是一个远比投身互联网创业更加靠谱的选择。

2. 上海针对互联网科技企业的招商政策并不优厚

全新创新性技术的发展、世界各国尤其是亚洲国家的激烈竞争，导致互联网产业发展全新解决方案的需求不断凸显，以提高生产公司在市场上的竞争力。[①] "逆水行舟不进则退"，上海近年来不仅缺乏类似北京、杭州、深圳的本土强一线互联网巨头（北京的头条、美团、滴滴、百度，杭州的阿里、蚂蚁，深圳的腾讯、华为），在针对互联网科技企业 "筑巢引凤" 的节奏上，也相对迟滞于新晋崛起的合肥、武汉、成都等城市。在富达亚洲投资基金的投资经理史鉴东看来，上海针对互联网企业的招商引资政策并不是在 "绝对值" 上的 "差距"，而是在和其他城市与地区比较时表现出 "相对值" 上的 "差距"。

① Walters, D., & Buchanan, J., "The new economy, new opportunities and new structures," *Management Decision*, 2001, 39 (10), pp. 822 – 823.

一是合肥等城市直接利用更灵活的奖励和补贴抢夺芯片集成电路产业资源。上海虽然有全国最完整、最大规模的集成电路产业链条，但以合肥为代表的"新星"在针对芯片产业招商引资时诚意十足。上海半导体领域的猎头表示，现在的初创企业更多愿意选择在合肥注册，将办公室或办事处放置在上海，因为合肥针对中小型初创及成熟的半导体企业的补贴政策很优厚，企业首次突破销售额度标准、年度持续达到销售额标准、形成产业链价值、提供人才培训和平台服务等等，都可以拿到相应额度10%—30%的补贴，管理团队甚至可以直接拿到市里的奖金。相对而言，上海的补助政策对中小企业尤其是创业型企业的激励还不够有力度。

二是上海的招商策略趋于全市一盘棋来针对头部成熟企业进行招商，对创新创业企业关注不够。上海近两年来的科技公司招商工作取得了好成绩，全球电动车第一特斯拉将超级工厂设在临港，中国人工智能第一股商汤科技将总部从北京迁至上海，并于2020年在临港建设新一代人工智能计算与赋能平台。这两个大项目是市领导亲自挂帅督促，从签订合同到工厂建设直至投产，都体现了"上海速度"，但在区一级，针对中小型企业时差别就大了，有的政策还会表现得比较生硬，例如某瑞典"国宝级"精品半导体企业内部人士表示，因为"年营业额达不到张江的要求，被迫迁往临港"。

3. 上海针对互联网科技人才的引智条件吸引力不够

互联网科技企业的成长壮大对于人才的需求规模非常庞大，上海虽然坐拥13所"双一流"高校，但人才缺口依然很大。在近两年来全国范围内的"抢人大战"中，上海从政策支持到落地成果都远远落后。

一是户口问题。上海户口的获取门槛一直很高，在子女上学、房产购买等方面为人才引进带来不便，因此对于互联网科技企业的管理人才吸引力非常有限。由于互联网科技企业前期主要依靠外部投资、较难盈利，创始人时常会遇到落户时"投资机构不在名单上，无法被认定"的困扰。按照上海现有针对创业人才的落户政策，要求申请人的创业企业获得的投资是经过上海科技企业孵化协会或是上海市创业投资行业协会备案认证的投资机构。《中国青年报》2019年的报道当中，认定或备案的投资机构名录没有办法明确查到，人社部门的建议是"让投资人去认定备案一下"。[①] 不可能有大牌投资人或者投资机构愿意去费时费力做这个认证。类似的政策与执行逻辑无法完全体现出上海的接纳、包容、诚意与服务精神。

二是中端人才供应不足。在互联网科技领域尤其是人工智能领域，上海除了复旦、交大、同济等第一梯队之外，其他的高校都还在学科建设上关注相对较少。复旦大学计算机科学技术学院邱锡鹏教授就认为，"对于整个人工智能产业发展，特别顶尖的人才是需要的，但是中端人才更需要。我们跟很多企业接触，发现他们对人工智能一般人才的需求量非常大，但供应层面无法满足"。因此以人工智能为代表的人才短板并不完全反映在各地争抢的顶尖人才，还额外反映在大量中端人才的培养与引进上。

三是生活成本和企业用工成本高企。在各机构的全球生活成本排行榜上，上海都长期占据内地城市第一，高出北京和深圳。除了困扰年轻人多年的房价和租金问题，上海企业的用工成本也非常高。上海最新的社保缴费基数最高值和最低值长期保持全国最高，因此某早年在谷歌工作的人2012年回到上海创业，但3年后就将自己的人工智能公司搬到了北京，他选择搬离上海的原因就是"上海用工成本太高，招人太难"。

---

① 《如何让创业者对政策"有感"》，《中国青年报》，2019年1月，http://zqb1.cyol.com/html/2019-01/11/nw.D110000zgqnb_20190111_3-08.htm。

4.上海互联网科技初创企业融资难的情况依然突出

融资难的情况在我国第一批互联网科技企业初创时非常严重，当时国内没有成熟的金融投资体系与机构，因此中国互联网产业的早期投资人几乎全部来自国外。人们普遍认为，近十年来国内投资机构实力大增，对于各条赛道上的互联网科技企业都给予关注，但上海的科技初创企业依然存在融资难的问题，而且现在的"融资难"一般不再指找不到投资人，是不容易让投资人最终决定掏钱，以及能够找到可以进一步投放资源、提出中肯的后续发展建议的优秀投资人。造成这一现象的原因有以下几个方面：

一是上海并没有聚集中国顶级投资机构和优秀投资人。由于中关村在国内的先发优势，背靠这颗大树的第一代门户网站以及百度、金山科技公司等均诞生于北京，其核心团队离职后很多成为第一批国内投资人。私人关系和地理位置在融资过程中缺一不可，好的项目能不能直接找到最合适的投资人、与投资人是否方便同城随时见面沟通，都直接影响成功率，北京在这方面的先发优势和集聚优势是上海至今无法比拟的。

二是上海的投资中介业务氛围与能力还暂时无法与北京相比。在投融资产业链当中起重要作用的投资助理（FA），负责帮助一般的创业企业桥接投资人，以太资本的投资经理认为，资源能力突出的 FA 总是跟着产业走的，上海的互联网创业总体而言滞后，且赛道不够齐全，因此在投资中介服务领域相比而言也稍弱。

三是在上海的政府、国资背景的产业基金普遍门槛较高，而各类青创基金专业度不够，有创业者呼吁应该更多关注科技初创企业，打通信息渠道，让它们可以至少有一个展示空间，并且不仅仅是投资，还希望对他们后续发展给予其他资源支持。

三、上海未来发展互联网产业的规划、对策及建议

网络科技公司在过去 20 年的发展速度远超传统行业。1999 年，全球市值排名最靠前的公司依次是微软、通用电气、思科、埃克森美孚和沃尔玛，除了微软和思科外，全部是传统行业巨头。在 2019 年的市值排名当中，传统强势行业已经几乎无法挤进前十，微软、亚马逊、苹果、谷歌、脸书、阿里巴巴、腾讯等互联网巨头开始牢牢占据资本市场的重要位置。互联网产业的发展需要"天时地利人和"，既需要结合既有优势，也需要有针对性地补足短板。在前期调研基础上，面对上海互联网产业发展面临的"传统优势产业制约""招商环境欠佳""人才引智不足"和"融资难"等几个现存问题，我们提出以下建议：

（一）用传统优势巩固工业互联网中心位置、打造"软硬"互联网双高地

上海本身具有很强的制造业发展底子，尤其是在汽车、半导体集成电路、生物医药、航空航天、能源等传统领域起步早，有很好的产业基础。上海的产业发展规划布局以具有较高技术含量的"大制造"为主，有极佳的智能智造升级条件。疫情及中美贸易战叠加的影响使得全球产业链布局调整，为上海提供了进一步扩大互联网科技产业规模的机遇，是上海互联网科技产业增质、换挡、提速的绝佳时机。

一是建议以工业互联网产业发展基金为先导，同步推出"专项资金＋产业基金＋孵化加速"组合服务，创新产融结合新模式。为

强化上海的工业互联网中心地位，还应促进"四小时朋友圈"协同发展。上海占据长三角区域一体化整体高水平发展的核心地带，长三角区域几乎集聚了国内最顶尖、最全面的制造力量、有"四小时朋友圈"这一巨大优势，即高端制造业所需的几乎所有生产厂商都可以在上海周围车程4小时内触达。上海应牵头规划落地"长三角互联网产业示范园"，建立跨省市行政协调机制，不仅在税收、工商、交通等多领域推进协同发展，还应牵头建立"长三角工业互联网产业信息资讯平台"，由企业上传与协调机制主动问询对接的方式，实时更新智能制造企业区域内的产业链需求与情况，方便企业彼此间了解情况变化，及时进行货源与渠道的协调。

二是互联网科技企业有其特殊性存在，后续发展的趋势是"软硬科技"的结合，硬件和软件厂商之间的界限已经越来越模糊，例如，商汤科技总部搬迁至上海后便开始着手建立硬件开发产线，而特斯拉世界第一车企的估值不仅是因为它的车企身份，原因是其包括自动驾驶系统在内的自有软件系统。"硬件"一直是上海的传统优势，而上海的"软件"也正在工业互联网和人工智能的新浪潮下迎头赶上，应在全市、长三角区域范围内，逐渐用论坛、科研机构设立、税收政策利好等方式，寻求上海互联网科技企业的"软硬结合"，由政府出面创造机会将上海突出的大型医疗器械、生物医药、汽车制造等领域的龙头企业，与人工智能、大数据、物联网等明星企业聚拢在一起，形成资源共享与信息分享机制，争取能够让上海的优秀企业在上海内部"联姻"。

（二）进一步提升营商环境，复制"特斯拉模式"并加大支持创业者力度

上海的招商环境还有继续提升空间，既应该认真总结并复制推广"特斯拉模式"的"头号工程"经验，也应该加速探索帮扶中小型创业企业的全新路径。

一是"头号工程"经验。中美关系继续遇冷，令中美经贸合作变得愈发重要。美国反华势力越是要"打中国牌"与中国"脱钩"，我们越是要树立对外开放的形象，鼓励外资来华投资设厂，用实际行动打破美国的封锁。特斯拉上海超级工厂的招商与建设过程令西方人瞠目结舌，形成很好的示范效应。具体而言，特斯拉超级工厂能够在上海快速落地，与几个因素直接相关：

首先，公司老板不在意识形态上折腾，没有政治野心。马斯克作为公司老板，是在美国没有过多政治与历史包袱的企业家，专心致志以产品和盈利为目的，"让生意的归生意"，不容易受到美国党派政治极化的影响；其次，产品引进国内有助于现有市场蜕变。特斯拉作为电动汽车领域的领头羊，有极强的"鲶鱼效应"，放入国内新能源汽车市场这个有一定技术储备和品牌认知基础的池子里，类似于iPhone手机在国内的本地化生产，可以加速国内厂商的技术突破与业务模式革新，培育高水平的新能源汽车供应商生态链；再其次，紧密结合上海现有发展优势。特斯拉作为汽车工业新方向的代表，与上海本身的汽车工业强基础有很好的契合度，上海周边"四小时朋友圈"汇聚了汽车工业所需的所有高质量零部件，便于特斯拉国产化以进一步压缩控制成本，提升上海的吸引力；最后，与上海使命与未来规划紧密契合。上海开发建设临港、打造世界汽车产业链核心、保持中国经济与产业对外开放桥头堡形象，这几个重要的规划与使命都与特斯拉超级工厂落地上海紧密契合。工厂建设工人、工厂员工，以及后续相关产业链参与人员，将为临港开发带来人气和示范效应，也用8个月工期和全市的鼎力支持向世界宣告中国对外开放的决心与能力。

因此，后续对于特斯拉这样体量的"头号工程"招商引资，可参考上述模式作为判断标准。特斯拉上海超级工厂的建成投产效率之高、速度之快，不但证明了上海的行政效率和资源协调能力，也为后续招商引资打造了样板。只要在土地供应、税收优惠、行政绿色通道等一系列招商引资的配套政策上保持竞争力，注重营商环境建设，自然能够吸引外商投资。战略上不畏惧美国的封锁和打压，更应该在战术上加速学习和融合的过程，因此"特斯拉模式"意义重大，在上海工厂建成后，马斯克每次和投资人开会都要强调中国工厂的巨大帮助，特斯拉股价被中国工厂强力拉升不断创造破纪录新高，这些就是最好的广告。

二是初创企业对补贴政策的了解需求很大，对初创企业的帮扶应该作为区一级机构的服务重点。不仅是特斯拉、商汤科技这样的巨头引进是头号工程，帮扶初创企业对一个城市和地区的长期发展潜力影响巨大。应在区一级政府行政服务中心建立创业咨询通道，整合各区创业帮扶信息，将网站内容及时更新作为考核重点，不因创新创业企业成功率低而有意提高门槛。上海在对待互联网企业落沪时应持有开放的心态。开放一方面表现在，总部迁移至上海自然举双手欢迎，如果总部不放在上海，则应该关注其是否在上海有大量实际业务开展、是否为上海解决就业问题、是否为上海持续培养中高端科研与实务人才、是否是上海几大核心产业链上的重要一环等。如若上述条件满足，也应该给其酌情配置给外地来沪企业以本地互联网明星企业的政策优惠待遇。这一点在判断中小型创业企业时应该着重参考。

（三）以人工智能为突破建立并完善科研人才引进机制

上海近年来在推进全球科技创新中心建设的过程中，不断加快物联网、大数据、人工智能、区块链等信息技术推广应用。其中人工智能被普遍认为是有可能改变历史进程的下一个革命性技术。人才尤其是顶尖人才的汇聚，对于人工智能发展而言有至关重要的意义。据调查，46%的顶尖人工智能人才都在美国工作，上海现有的人工智能支持政策正在逐步加码配置到位，当务之急是以资金和政策配套吸引高水平留学生和科研人员落沪。

一是对海内外知名高校的毕业生落沪就业提供更加方便的流程，制定标准化规范，另外，国内"双一流"高校优秀毕业生能够享受与海外留学生归国同等的落户政策。

二是对于海外优秀人才到上海牵头创办实验室、研发中心的，教育部门要指导各高校和科研机构建立和完善激励制度，给予他们更大的自主权，打破现有的服务链条不匹配的问题，避免他们回国就陷入"行政化"的汪洋大海之中。

三是在于打破现有的科研机构内部固有的行政体系，其中包括财务报销、职称评定、奖励机制。应针对包括人工智能在内的战略科学特征，重视成果导向，探索基础型研究成果与应用型研究成果相结合的职称评定与奖励机制，从科研人员的角度出发重设流程，避免将科研人员的日常时间浪费在繁琐的预算类目设计和报销流程上，由上海市科委、教卫党委等相关部门牵头，在高校、中科院系统内挑选试验点。

四是探索科研人员在体制内外的"旋转门"，打通人工智能等互联网科技企业与科研院所间的人员流动藩篱，针对民营企业内部的高级技术人员制定与现有职称体系相匹配的官方对照体系，便于产学研深度结合。

（四）建立更灵活的融资管理机制，以研发芯片浪潮为契机进行系统引导

面对互联网科技企业在上海相对的融资"劣势"，上海应该以芯片集成电路赛道为切入口，重塑上海的"产业圣地"形象，汇聚更加专业的投融资机构与人士。上海此前潜心发展芯片集成电路产业多年，作为互联网科技产业的基础设施，对外承担打破"缺芯"重任，对内与合肥、武汉等城市形成了合作与竞争并存的关系。

一是应发挥好国资背景产业基金作用。国资背景产业基金往往更注重具有战略价值标的投资，但在专业度、人手和客观性上可能会有不足。因此，国资产业基金应与市场上的专业投资机构合作，邀请专业投资机构从尽职调查开始，共同参与前瞻性、长期性的投资标的，以国资背景的信誉和专业机构的专业性为优质科创企业共同背书，更好兼顾盈利可能与战略价值。国资产业基金与专业投资机构共同合作，不但为科创企业及时提供融资便利，更可以借助专业投资机构的资源对投资标的持续进行评估甚至管理，避免投过就算的通病。

二是从芯片产业本身发展引导来看，在半导体代际研发当中，应重点区分"为我所用"和"自主可控"。以中芯国际和华虹为例，两者所担负的使命截然不同。前者需要在制程竞赛中始终保持高速前冲的态势，在14纳米制程顺利量产后，提速进入7纳米制程的研发与量产论证工作中；而后者则需要一步一个脚印，做有针对性的研发，不能被外部噪声干扰而强行搞技术"大跃进"。因此在产业政策制定上，应引导半导体产业链上的相关企业结合自身现有基础，合理安排研发与制造规划。

互联网"饭圈"：衍生逻辑、社会风险与治理思想①

田　丽　毕　昆　李　彤*

摘　要：互联网"饭圈"所引发的社会风险已经引起了全社会的普遍关注。在粉丝"以爱之名"的追星行为背后，原始动力、传播载体、成本条件和群体组织等因素的交叠形成了互联网"饭圈"的衍生逻辑。由"用爱发电"引发的流量绑架、话语争夺和消费风险等问题则彰显出当前互联网"饭圈"治理的无序状态。据此，本文建构了资本、粉丝、艺人和平台之间的互动框架，提出贯彻文化方针和文艺理论的引导，强化产业政策对资本驱动的影响力，拓展粉丝价值的协同治理思想。

关键词："饭圈"　粉丝　网络治理　文化方针

一、现象与问题：互联网"饭圈"文化的兴起

2020 年，以肖战粉丝举报 AO3 事件为代表，互联网"饭圈"再

①　本研究是国家自然科学基金重点项目"新媒体发展管理理论与政策研究"（项目编号：71633001）的阶段性成果。

*　田丽，北京大学新媒体研究院副教授，博士生导师，北京大学互联网发展研究中心主任；毕昆，北京大学互联网发展研究中心专职研究员；李彤，北京大学新媒体研究院博士生。

度引发大众和媒体的关注与担忧。"粉丝",由英文"fans"音译而来。进入社交媒体时代之后,"粉丝"不再是独立存在,而是形成了一定的"圈层结构"。"饭圈"的概念由此产生。虽然"饭圈"对于整体性的互联网空间而言是相对小众的存在,但对青年一代的思想观念和行为方式都具有重要影响,对互联网生态的良性发展亦息息相关。从互联网现实中看,微博平台是互联网"饭圈"的集散地,2020 年的月活跃用户达 5.11 亿,同比净增加约 1400 万用户,日活跃用户达 2.24 亿,第二季度的营收达 27.5 亿元①。"饭圈"群体俨然成为互联网资本收入的重要来源,深刻地反映出流量所带来的巨大商业价值与经济潜力,但是其引发的社会问题也引起了社会的广泛重视。一方面,"饭圈"中的刷屏、打榜、控评、氪金等行为在追星热潮中进入大众视野,这些超高互动带来的数据热度和粉丝商业变现能力之强令人咋舌,引发社会和媒体关注;另一方面,以年轻人为主力的追星群体某些不良和扭曲的价值观、消费观引起公众的反感和批判。

以往的研究中,学者们基于社会学、心理学和传播学等角度,关注"饭圈"形成的原因与过程、内部追星行为、组织的结构与功能、行为方式和价值态度等几个方面的问题:一是既往研究对"饭圈"形成的原因和过程的探索,多从个体、群体、组织和文化等维度进行分析,认为追星的动机包括娱乐需求和精神依恋两种,与粉丝个人的人格特征、心理状态、身份认同和自我认知等因素高度相关。② 网络信息技术进步促进了文化观念和心理机制的演变,互联网"饭圈"是个人追星行为上升为兴趣群体行动的体现。二是在分析

---

① 《微博发布 2020 第三季度财报月活用户 5.11 亿,增 1400 万》,腾讯网,https://new.qq.com/rain/a/20201229A04HS500。
② 郝园园:《青年亚文化现象的重新解读》,载《当代青年研究》2014 年第 1 期,第 84 – 88 页。

"饭圈"行为方式和组织结构时，学者多采用案例研究和观察式访谈，研究粉丝组织内部的行为机制。一些文献指出，互联网 "饭圈"的行为方式与其组织结构密不可分。不同平台承担精细角色分工，形成多个中心、运作规范、形式多样、功能完善和广泛参与的虚拟社群结构①。粉丝在喜爱偶像的行为上有异质性，群体中存在不同功能完整、等级森严的子群体，并拥有独特的话语体系和运作规则②；粉丝的社交行为被异化为 "数据劳动"，社交媒体催生和刺激着互联网粉丝的免费数据劳动，所产生的巨大利益则被娱乐资本和商业资本俘获③。

值得注意的是，互联网 "饭圈"产生的问题不仅仅与个体的追星行为有关，而是不同要素综合作用、相互影响的结果。一方面，数字媒介环境为追星提供了广阔而去中心化的场域，网络的低门槛特征降低了粉丝的追星成本；另一方面，高互动的文化环境又增强了 "饭圈"中粉丝个体的参与性和体验感，进一步强化了粉丝的追星行为。虽然有研究表明粉丝在现实社会中的社会属性会影响其参与的网络社群④，但由于互联网增加了粉丝与偶像的 "接触面"，粉丝不需要完全依托明星本人互动获得满足感和存在感，其追星诉求在网络社群，即 "饭圈"中可以得到持续的维护和稳固。正如詹金斯（Henry Jenkins）所说，"粉丝的创造力被远远低估"，⑤在互联网的 "饭圈"世界，粉丝经济生产环节中的媒介与资本端被前置，激

① 王艺璇：《网络时代粉丝社群的形成机制研究——以鹿晗粉丝群体 "鹿饭"为例》，载《学术界》2017年第3期，第91–103、324–325页。

② 吕鹏、张原：《青少年 "饭圈"文化的社会学视角解读》，载《中国青年研究》2019年第5期，第64–72页。

③ 童祁：《"饭圈"女孩的流量战争：数据劳动、情感消费与新自由主义》，载《广州大学学报（社会科学版）》2020年第5期，第72–79页。

④ 郝园园：《青年亚文化现象的重新解读》，载《当代青年研究》2014年第1期，第84–88页。

⑤ 亨利·詹金斯：《文本盗猎者》，郑熙青译，北京：北京大学出版社，2016年版，第173页。

发出了极强的生产能力。

自媒体时代，用户生产内容的特点为粉丝直接成为追星过程中的资料生产者创造了条件，使得粉丝在追星场域占有更大的话语权，其独立意识和个性表现成为许多互联网"饭圈"问题的源头和症结所在。在对待"饭圈"的价值态度上，虽然粉丝个体具有正当表达权利，公众应科学认识"饭圈"的行为逻辑和粉丝市场①。但"饭圈"文化同样在消解主流榜样权威、解构社会动员范式，对青少年成长有不利影响②。此外，互联网"饭圈"会影响正在从走向线上线下融合式的社会参与，给社会治理带来矛盾和冲突③。整体地看，"饭圈"尚属新兴事物，学术界虽然已经产出了一定的成果，但是对于"饭圈"的研究仍存在碎片化的问题。故而，从系统的角度出发探索"饭圈"问题的生成与治理的整个链条，不仅是当下亟需深入挖掘的课题，对于互联网治理以及重塑社会文化也具有重要意义。有鉴于此，本文将从互联网"饭圈"的衍生与发展出发，分析互联网"饭圈"被诟病的"流量绑架"、话语争夺和消费风险三大问题的原因与影响，提出政府、粉丝及其组织、平台三方的协同治理机制，为互联网"饭圈"的引导策略提供参考。

二、"以爱之名"：互联网"饭圈"的衍生逻辑

数据显示，微博 2018 年全年娱乐活跃粉丝达 7500 万④，这一数

---

① 黎博雅：《付出与隐忧：中国韩流粉丝境况研究——以某韩国男子偶像团体的微博粉丝为例》，载《深圳社会科学》2019 年第 5 期，第 100－110、157 页。
② 李济沅：《"饭圈"文化现象的生成逻辑与青少年引导策略》，载《中国德育》2020 年第 16 期，第 18－22 页。
③ 田丰：《网络社会治理中的"饭圈"青年：一个新的变量》，载《人民论坛·学术前沿》2020 年第 19 期，第 33－39 页。
④ 《2018 年微博粉丝白皮书》，https：//www.sohu.com/a/284000394_484118。

据是千千万万追星女孩、男孩的形象缩影。对于粉丝而言，"以爱之名"是追星的核心理由，而这一理由也构成了互联网"饭圈"孳生与壮大的温床。具体而言，原始动力、成本条件、传播载体和群体组织这四个相互影响、相互联系的重要因素是分析互联网"饭圈"的自我观照与角色定位的主要依据，也是总结互联网"饭圈"组织的行为模式与运作特点的关键。

（一）原始动力：情感诉求

互联网"饭圈"产生的原始动力与传统追星行为类似，是情感的付出与获取。粉丝基于情感满足、身份认同、逃避现实、自我保护和功利诉求等原因对偶像产生喜爱之情（这一过程通常被称为"入坑"），通过追星获得自我满足和精神安慰，达到身份认同和经济获利等目的。但是，互联网"饭圈"不同的原始动力会促使粉丝在"入坑"后天然的带有或倾向于不同的粉丝属性，在进入某个偶像的"饭圈"以后会继续与各个子群体深度结合①。正是这种情感归属强化了粉丝的身份认同，造就了粉丝心中与偶像"共命运"的幻象。然而，个人的情感往往具有异质性，在异质情感相联系的不同"饭圈"中，"饭圈"的内在凝聚力也就存在着一定程度的差异。因此，原始动力这一因素不仅反映出粉丝个体的异质性，也影响和决定着粉丝类型与"饭圈"的异质性。

---

① 子群体本身具有异质性，例如因外貌身材等"入坑"的粉丝成为"颜粉"，因喜爱其作品等"入坑"的粉丝成为"剧粉"或"作品粉"，因其知名度和市场影响力"入坑"的粉丝成为"事业粉"；在偶像团体中，还会出现"CP粉"（喜爱两个成员及其之间的互动）、"团粉"（喜爱全体成员）和"唯粉"（只喜爱某一个成员）等粉丝属性。这些子群体彼此间的关系并不绝对，既有重叠又有对立。

(二) 成本条件：情感消费

进入互联网"饭圈"后，粉丝需要把自己对于偶像的喜爱转化为消费行为。在互联网"饭圈"中，粉丝需要以时间、精力和金钱等成本条件为前提，花费自身的各类资本来加深对偶像的了解程度并投入情感。通过购买偶像周边等方式付出金钱，抑或付出对偶像的微博进行点赞、转发和评论等数据劳动，进而将原始动力转化为"流量"①。粉丝所具备的成本条件被视为衡量对偶像忠诚程度和"真爱"水平的标准，这些付出也再次强化了他们对于"饭圈"的群体认同，甚至也能够赋予粉丝一种认知，即自己的付出能够推动自己偶像的事业，让本身平庸的自身产生了其能够塑造偶像的错觉。然而，网络空间的追星行为不是完全割裂独立的，粉丝的转化能力受到粉丝个体的经济能力和空余时间精力的限制，与青年人的成长和发展压力之间形成了张力。

(三) 传播载体：社会化媒体

互联网各大平台为粉丝追星提供了丰富多样的场域和空间。粉丝用户在各大社交平台、网络社区（如微博、贴吧、豆瓣、微信、QQ、OWHAT、LOFTER）等持续搜索和关注偶像的相关讯息，数据技术下的算法偏好会不断推荐阅读关注相关话题和账号，从而为粉丝搭建"信息茧房"，粉丝在既定的话语体系和行为逻辑中逐渐遵循规律，被"驯化"为"饭圈女孩/男孩"。社会化媒体作为传播载

---

① "偶像周边"通常指与明星相关的衍生商品，例如，封面杂志、音乐专辑、代言的商业产品等，是一种不计性价比的消费行为。

体，迎合了追星作为亚文化的私密性和"结群"的诉求。"饭圈"一方面利用平台的技术规则建构社群边界，进而增进群体认同；另一方面也通过群体力量积极与媒体和主流文化对话。

（四）群体组织：极化现象

群体化、组织化是互联网"饭圈"的基本属性，也凸显了"饭圈"群体极化的特点。互联网虽然是一个公共领域，但由于追星场域的私密特性和个体获得信息能力的差异，以偶像资讯为核心，个体粉丝会逐渐依赖和追随"大粉"、粉丝会等个人或组织，甚至将它们视为精神领袖。在"饭圈"群体中，原始动力驱动下对偶像的喜爱被无限扩大，对偶像的赞赏与肯定成为群体共识甚至真理，偶像成为"饭圈"这一"想象共同体"的核心。在这一过程中，个体粉丝在"饭圈"中被凝聚为群体力量，并对外界有损偶像形象声誉的评价变得极端反感，在"大粉"或粉丝会的引领和授意下进行集中攻击讨伐，继而引发极具网络暴力的骂战。相较于追星文化较为成熟的日韩等国，由于艺人及其团队不会公开参与这些"饭圈"组织，官方粉丝会通常处于缺位状态，粉丝组织经济基础薄弱，导致其运营和组织基本处于无序状态，为网络暴力和消费欺诈埋下了众多隐患。

整体而言，原始动力、成本条件、传播载体和群体组织这四个因素形成了互联网粉丝空间的动态结构，贯穿和影响着粉丝进入互联网"饭圈"的全过程。需要说明的是，这四个因素在粉丝"入坑时"和"入坑后"的不同阶段所占据的影响权重存在差异。在"入坑时"这一阶段，原始动力和传播载体对于粉丝追星这一行为的影响较大，而在"入坑后"这一阶段，成本条件和群体组织则对于粉丝追星行为的影响更大。因此，互联网"饭圈"既具有相对独立性，

又与组织外部之间存在着密切的相互关系和影响作用，是社交媒体
中的独特存在。

三、"用爱发电"：互联网"饭圈"的社会风险

"饭圈"在网络的数据环境中逐渐建立了一种新的行为准则和价
值。这种价值观以流量和数据为转移，并与作为利益相关方的平台
方和资本方紧密相连。在"用爱发电"的游戏规则里，情感、数据
与消费存在着紧密的转化关系，而这三者所对应的"饭圈"、平台、
资本之间也形成了较为稳定的互动机制，继而产生了一系列的社会
风险，包括"饭圈"的"流量绑架"、话语争夺和消费风险。

（一）流量绑架

在粉丝"入坑"的过程中，平台方在偏好推送中会潜移默化地
以"热搜""热帖"等形式引导粉丝建立起数据意识，把浏览阅读
量、榜单排名等流量体系贯穿于粉丝的追星活动中，鼓励和刺激粉
丝参与数据劳动，进行内容的生产和搬运，平台和资本也依靠这种
体系模式实现直接或间接的商业盈利。例如，微博得益于名人明星、
网红及媒体内容生态的建立与不断强化，2017 年实现利润增长
180%[1]。而"流量绑架"正是媒体试图将粉丝经济变现逻辑下的产
物。当前，"流量"一词在学术界并没有明确的定义。"流量"原为
网络信息技术用词，指在某一时间段内打开网站地址的用户对内容

---

[1] 《中国互联网络信息中心（CNNIC）第 39 次全国互联网发展统计报告》，http://www.
cnnic.cn/gywm/xwzx/rdxw/20172017/201701/t20170122_66448.htm。

的浏览量或访问量，或是手机移动数据的总数。"流量"是衡量明星商业价值及其大众欢迎程度的衡量指标。明星产业的发展，其前提是需要有足够的曝光度，才能有流量，成为所谓的"流量明星"①。"流量"在互联网"饭圈"有三个基本含义：一是指与明星偶像相关资讯的阅读、浏览和讨论量；二是指偶像粉丝及其用户生产内容（UGC）的质量和数量；三是指极具号召力（尤其是粉丝经济消费号召力）的艺人本人，如"当红流量""顶级流量"等。本文中"流量绑架"的内涵是指互联网平台和商业资本形成流量作为衡量标准的价值评判体系，并引导"饭圈"持续、大量和无偿地在互联网中进行数据劳动的现象。为了为偶像争取声誉、地位和所谓的"资源"②，"饭圈"组织内部逐渐演变出明确的劳动分工，"饭圈"成为一种管理学意义中的"职能型组织"。

具体来说，粉丝在"流量绑架"下进行的数据劳动主要体现为以下四种形式："控评（空瓶）""反黑（净化）""安利（宣传）"和"打投"。在平台的搜索框和词条栏目中输入某些关键词，算法会按照搜索量、发布时间和互动频次等权重依次显示相关内容。由于这种平台搜索功能是公共、公开的，"饭圈"将其称为"广场"。"饭圈"通过组织粉丝进行大量、重复发送含有偶像正面内容的文本帖子占据平台公共搜索栏的显示结果，将不利于偶像的言论"淹没"在大量粉丝发帖中，以实现"净化"公共搜索显示的内容（这种操作被称为"洗广场"）。在日常数据劳动中，"饭圈"以在官方媒体账号发布的与偶像相关帖子评论区评论点赞、发布宣传偶像正面形

① 李业：《流量产业化背景下虚假数据剖析及其治理——基于明星粉丝打榜的分析》，载《传媒》2019 年第 22 期，第 94－96 页。

② 到目前为止，没有客观证据和分析可以直接证明粉丝的数据劳动可以为偶像带来声誉提升或演艺资源，这种数据劳动一方面是为了迎合平台为偶像设置的价值评估体系，在"饭圈"内部则更被视为个体之间的感情连结和"政治正确"，也是粉丝增强归属感和身份认同的重要方式之一。在此逻辑下，类似"不给哥哥做数据你配当粉吗？"的质疑便具有了合理性。

象内容为主要活动，这两种行为被称为"控评（控制评论）"和"安利"；当出现针对于偶像的不利言论时，"饭圈"会组织粉丝集中对这些内容发布相关澄清，或进行举报和协商以达到删除内容的目的。类似地，"打投（打榜投票）"是为一些互联网明星排行榜、奖项评比贡献数据和投票的行为。在刷数据过程中，"饭圈"按照这些行动划分为若干小组，每个小组都有官方账号或指定账号发布需要粉丝做的"任务"，呈现出分工明确的组织形态。

然而，之所以称之为"流量绑架"，是因为"饭圈"在进行数据劳动时带有不满和抵抗情绪。首先，"饭圈"对于是否需要做数据、如何做数据等问题存在分歧，粉丝常常是出于对偶像的情感无奈进行数据劳动；其次，被选中的"黑帖"或需要转发点赞评论的内容往往由小组或"大粉"决定，粉丝个体只能听凭调遣，基本没有自主选择权，这就使"饭圈"的数据劳动存在"误伤"或引发争议的空间，在遇到例如应该如何制定"打投"攻略、究竟什么榜单值得投票、什么内容算是"黑"等话题时，"饭圈"往往难以达成一致，甚至导致群体内部的对立和分裂；最后，"饭圈"组织的连结程度具有较大差异性，不同子群体的互动频率、情感力量、亲密程度、交换互惠水平不尽相同，等级森严的"大粉/粉丝会－积极粉丝－普通粉丝"的等级构成使得"饭圈"内部的资源分配和话语权权重差距悬殊，形成了"外看铁板一块，内看一盘散沙"的情形，给"饭圈"的统一监管带来难度。

（二）话语争夺

在"流量绑架"下，粉丝和平台以流量为连结成为一个利益共同体，共同完成对偶像这一"想象共同体"的塑造，并且在定义和评估偶像符号的形象与价值上拥有话语权。这种共同体中产生了

"饭随爱豆""粉丝行为，偶像负责"等观点，而"饭圈"群体内部之间、与外界之间也发生着激烈的话语权争夺。

在"饭圈"内部，个体与个体、个体与子群体、子群体与子群体之间都存在着一定的话语争夺。争夺话语的核心议题围绕身份认同、偶像形象塑造和组织管理等展开。在身份认同上，对于偶像的喜爱原始动力易被忽略，在成本条件、群体联结强度等因素上占据优势的粉丝个体与子群体往往成为更具有话语权的存在。由此，所谓的"新粉靠边站""没花够＊＊（多少钱）不配跟我说话"等观点便具有了合理性；在偶像形象塑造上，在用户生产内容（UGC）上占有质量和数量优势的粉丝个体和子群体往往更具话语权，普通粉丝常尊称其为"太太"，存在追捧和崇拜心理；在组织管理上，由于粉丝组织的核心和生产力载体是粉丝，在"宠粉"和"虐粉"手段策略上具有优势的粉丝个人和子群体往往更能够在组织管理发展上获得话语权。

然而，由于"饭圈"是一个整体，一方面，粉丝们在对同一个偶像"想象共同体"的塑造中极易出现矛盾，另一方面，作为具有同质性存在的群体也在更小的偏好维度上存在异质性。在讨论某一具体话题时，占据不同话语权要素优势的"大粉"或粉丝子群体都会发表观点，在观点分歧时利用自己所占据的优势争取更多话语权，互相讨论、游说甚至攻击，形成"饭圈"内部的抵触与分裂。相较于"饭圈"本身，子社群之间的边界甚至更加明显，由于子群往往在准入门槛、审核机制上都更为严格，粉丝进入其中的成本更高，与之而来的则是更高的归属感和忠诚度。在这种结构下，"饭圈"内部呈现出群体规模与粉丝粘度成反比的结构，相较于粉丝会，个体对"大粉"的忠诚度和信用度反而更高。在与外界的话语争夺中，"饭圈"主要与"大V"、官媒等主流意识形态权威之间展开对话和对抗，以求为偶像树立形象、赢得荣誉或获得资源。

　　总结来说，"饭圈"与外界对话与沟通方式主要有"粉丝应援""撕番位"和"争资源"三种。在虚拟群体互动中，"饭圈"经常会组织规模不同的应援活动，为偶像的作品、生日、活动等进行声势宏大的线上和线下宣传，或是组织公益活动，以此向外界表明自身为偶像所作出的巨大贡献；[①] 当偶像有作品或活动，"饭圈"会"撕番位"，即向官方或媒体要求偶像的排名顺位、宣传照"C位"等。这种话语争夺在事实层面更多的以谴责、对抗等负面方式表现出来，并通过群体号召发挥出强大的威力。受到群体极化的影响，这种群体号召下的话语争夺常常缺乏理性，结合数据劳动的某些形式，粉丝通常会极端地对所有不利于偶像的声音进行"一刀切"的"反黑操作"，且强度随着群体极化的程度不断加深，演变为类似于肖战粉丝举报 AO3 事件的典型案例，[②] 谩骂、举报、侮辱和人肉等极端方式引发大众对"饭圈"的指责与批判。

　　互联网"饭圈"与外界之间的话语争夺是不同场域对立关系的体现。"饭圈"在与外界的对话和对抗中会不断加强自身的身份认同感和集体荣誉感，粉丝在话语争夺中与"饭圈"组织之间的联结被强化，交流互动使其获得了情感支撑，继而进行下一场争夺。值得注意的是，由于"饭圈"本身在文化生产力上（包括符号生产力、声明生产力和文本生产力等）有一定优势，因而对外界的主流意识形态产生了潜在影响。2020 年共青团中央发起的虚拟偶像"江山娇

---

　　① 互联网"饭圈"的应援规模和成果往往在外界看来十分震惊和难以理解。例如，粉丝为蔡徐坤出道 1 天集资 30 万；张云雷的粉丝在其偶像参加《快乐大本营》录制时给节目主持人"应援"金条；易烊千玺的粉丝在西北荒漠化地区筹种了一片由 52000 株树苗形成的"千玺林"等。事实上，这种"贡献"的价值往往并没有粉丝想象或宣传的宏大，反而被外界诟病为"变相贿赂""炒作洗白""不正当竞争"等等。

　　② 2020 年 2 月，肖战粉丝群体在某"大粉"的引导下集中对 AO3 平台进行举报导致其被墙，继而遭到互联网其他亚文化群体的联合谴责，并引发公众对于互联网"饭圈"行为的讨论和批判。

与红旗漫"事件①，表明官方舆论场正在努力与"饭圈"文化对话，"饭圈"与外界的话语争夺正在互动中逐渐发展为一种动态制衡。

（三）消费风险

追星活动在本质上是一种经济行为，"粉丝经济"的核心也是消费。"流量绑架"和"话语争夺"使得"饭圈"在对粉丝的消费需求建构上单一粗暴，产生盲目跟风、重复购买（"氪金"）和消费欺骗等问题：粉丝在进行消费时容易盲目跟风，追逐资本或平台炒作营销的偶像相关产品；为了给偶像刷购买数据，对同一商品进行重复购买；在粉丝集资应援活动或跨国商品购买中，粉丝也面临着粉丝会或代购卷款、作假等消费诈骗风险。平台在这一过程中起到了推波助澜的作用，商业资本加持下，平台利用技术优势和营销模式塑造了一批又一批偶像明星，他们的价值被拆分为能够直接变现的商品要素，获取经济利益。

互联网"饭圈"的存在为粉丝经济增添了新的消费风险。粉丝个体的消费付出成为进入"饭圈"群体的门槛标准，"氪金"行为成为展示群体忠诚度和归属感的手段；粉丝群体的消费成绩成为"饭圈"对外宣传的对象，不利于营造风清气正的大众舆论环境和健康向上的文化消费观。此外，对于以感情为消费动力的粉丝经济而言，偶像"人设崩塌"带来的消费欺骗更为致命。流量迭代和传播内容的更新缩短了单个偶像的经济价值周期，发帖进行消费记录也成为数据劳动的内容之一。这种体系下的偶像符号的内涵单薄，偶像更多只是单纯贩卖经纪公司和"饭圈"给其树立的人设。个别偶像缺

---

① 2020年2月17日，新浪微博共青团中央发文，宣布两位虚拟偶像"红旗漫"和"江山娇"正式上线，并号召网友为这一团属爱豆"打call"。

乏和粉丝沟通的良好机制与健康的消费氛围，导致粉丝难以产生对偶像消费的合理认同。追星是粉丝主体意识觉醒的客观反映，粉丝在追星过程的情感和价值诉求一旦无法得到回应，就会形成诉求割裂和情感隔阂，影响偶像商业价值的实现，在粉丝发生消费行为后产生"背叛感"，甚至出现过激行为。因此，互联网"饭圈经济"作为"情感经济"的一种，在引导消费者把对于媒体产品（被互联网"饭圈"加工塑造过的偶像）的情感转化为经济消费动力时，仍旧需要慎重思考其建构思路和运营模式。

四、根本治理：基于粉丝、艺人、平台、资本的互动体系

基于前文对"饭圈"运行机制的分析，本文提炼了一个"粉丝、艺人、平台、资本相关利益方的互动关系"框架模型（如图1所示）。这四者之间通过不同方式的互动，构成了一个紧密联结的体系。

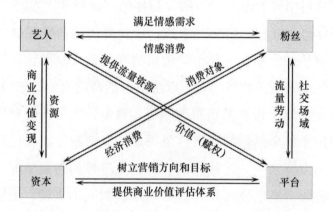

图1　粉丝、艺人、平台、资本的互动关系体系

在这个体系中,粉丝围绕艺人进行多种多样的情感消费,艺人满足粉丝的情感需求;粉丝同时把对艺人的情感转化为免费劳动,进而为平台贡献流量,平台为粉丝的追星活动提供建立和维系社交的场域;粉丝为情感诉求而让渡于经济利益和免费劳动;资本、艺人和平台是一个利益共同体,共同目的就是把粉丝的情感诉求"变现";对于资本而言,艺人和平台都是变现的"工具"(这就解释了为什么新媒体时代艺人和平台具有高速的流动性);艺人与平台之间互为"伙伴",艺人需要平台给予曝光、互动等支持,平台需要艺人吸引流量。由此来看,粉丝是整个系统中唯一的"韭菜"——粉丝为了情感满足付出金钱和劳动。因此,绑架粉丝情感并不断拓展"情感"变现的方式手段,是维持该体系持续运行的重要方式。为了绑架粉丝情感,平台和艺人以直接或间接的方式,通过一系列的事件、活动、商品等,强化粉丝群体意识和身份认同机制,在这个过程中群体激化和诱导消费产生了。而这两个问题正是"饭圈"负面影响的主要表现。从这个意义上理解,仅仅就"饭圈"的行为表现,对粉丝、艺人或者平台任何一方进行治理,都只是"治标不治本",效果是短暂的。因为,"艺人"和"平台"是流动的,一旦失去了"吸金"价值,就会很快被迭代,而粉丝的"某种"行为被限制时,另一种行为就会产生,进而形成了"按下葫芦浮起瓢"的局面。

上述分析呈现了资本驱动下互联网"饭圈"的悲观情境。从某种程度上说,只要"资本逐利"本质不变,就不可避免地存在驱动四者之间的互动关系模式运行。然而,这种模式并不是互联网时代的产物,资本在文化传媒业中扮演的角色一以贯之,并没有本质的改变,区别不过是中间的媒体或工具从过去的音乐、电影转化为艺人和平台。因此,互联网"饭圈"的治理本质上是处理"文化"与"资本"的关系的问题,难点在于传统文化产业的生产机制是明确的、既定的,而互联网"饭圈"的生产机制、运营机制是流动的、变化的、隐蔽的。事实上，互联网"饭圈"治理的首要工作不应该是针对互联网"饭圈"特殊表现的"规制"，而是贯彻既定的文化产业的方针、政策和具体措施。为了更好地落实方针、政策和具体措施，需要研究互联网"饭圈"的生产运营机制，把握其核心要素。例如，流量、算法和数据的规范化使用。

资本对文化并非都是抑制或负面的作用。没有资本的驱动也不会有文化产业的繁荣发展。对资本最有效的引导，一方面是文化方针和文艺理论的引导，另一方面是文化产业政策的落实。

目前，文化方针和文艺理论在传统文化行业的影响较大，而在网络生态中的影响有限。甚至对于一些小众文化和亚文化圈内，文化方针和文艺理论的影响微乎其微。因此，"饭圈"作为网络文化的缩影，迫切需要得到社会主义文化方针和新时代文艺理论的滋养。文化是一个自发的过程，也是建构的过程，如果没有方针和理论的影响，自发的网络文化会在唯一的驱动力——资本的影响下走向堕落。

产业政策是制约资本负面效应的另一个抓手。通过限制性或鼓励性的政策，资本对艺人和平台的选择机制和开发模式进行引导和约束。而艺人联动"饭圈"，通过对艺人的引导和约束，可以有效地传递给粉丝。例如，有些艺人鼓励粉丝做公益，也有些艺人的粉丝"开撕"或直接危害公共生活。当前，有效的产业政策应该包括两方面：一是从结构入手，避免垄断和过分聚集引发的产业或部门被绑架；二是从过程入手，对艺人的选拔、培养、培训以及商业模式形成指导意见。

重新定义粉丝价值。在图 1 所示的体系中，粉丝只有经济价值，通过情感消费和免费劳动源源不断地输出经济利益；事实上，粉丝是被组织起来的社会团体，粉丝的价值如果从经济拓展到社会经济文化生活的多面向，就从治理的客体变为治理的主体。首先，是粉丝与"饭圈"的身份和组织的合法化、合规化。把"饭圈"从"犹抱琵琶半遮面"的地下或半地下状态拖出来，压缩"饭圈"地下操作的灰色空间，避免非法集会或者其他违法行为；保护粉丝的正当利益，避免或减少集资诈骗等经济违法活动。其次，是范围自组织的力量，引导"饭圈"把对艺人的情感向有利于社会和公共利益的事业转移。

高不确定性环境与全球网络空间治理新秩序迭代①

沈　逸*

摘　要：当前，全球网络空间治理新秩序进入了一个特殊的关键时期，新冠肺炎疫情全球扩散为代表的新型全球风险，信息技术革命为标志的生产力跃迁，以及中美战略博弈为标志国际体系力量对比结构性调整，三种堪称具有结构性影响的重大标签以某种时间上的先后顺序，实现了非人力控制下的耦合，从而对体系中的行为体提出了全方位的冲击和挑战。作为人类活动的新疆域，全球网络空间的治理秩序与结构的变革，处于非常微妙的位置，并因此具有两重重要意义的战略可能；推进其朝向网络空间命运共同体的总目标，实现良性的迭代，应该成为各方共同努力的方向。

关键词：新冠肺炎疫情　网络空间　信息技术　国际治理

当前，全球网络空间治理面临的外部环境正在经历激烈的调整与变化，从发展趋势看，将进入一个非常特殊的关键时期，其核心特征是三重具有高不确定性因素的结构性耦合：首先是新冠肺炎疫

---

① 本文部分观点笔者已于先前陆续发表在《世界经济与政治》《中央社会主义学院学报》等期刊所刊发的相关论述中。

* 沈逸，复旦大学教授，复旦大学网络空间国际治理研究基地主任。

情在全球的高速扩散；其次是新技术革命为标志的生产力跃迁；最后是以中美战略博弈为标志的国际体系力量对比的结构性调整。在此基础上，发端于 20 世纪 90 年代初期的经济全球一体化进程，以及与此相伴随的全球治理的实践与结构，均遭遇重大的冲击和挑战。

一、新冠肺炎疫情加速全球治理进入调整与迭代的新阶段

新冠肺炎疫情正在全球肆虐，截止到 2021 年 1 月 16 日，全球累计确诊病例已经突破 9400 万人，累计死亡人数超过 201 万。以美国为代表的传统意义上的西方发达国家在应对新冠肺炎疫情方面令人意外的不良表现，以及新冠肺炎疫情向更多人口密集、医疗资源有效供给不足且治理能力薄弱的发展中国家的持续扩散，使人们日益确信，必须从全球治理的高度，全面而系统地对国家治理与全球治理进行有效和深入的思考，并形成能够充分应对新型威胁和挑战的解决方案。

一个客观的现实是，新冠肺炎疫情的发生和发展，与国际体系中力量在主要行为体之间分布的变化正好重合。中国作为新兴大国的典型代表，也因此被历史性地赋予了推进和完善全球安全治理良性变革的历史重任。在新冠肺炎疫情发生之前的 2019 年，中国召开了十九届四中全会，已经从自身的实际需求出发，聚焦坚持和完善中国特色社会主义制度，将推进国家治理体系和治理能力现代化设定为一项战略目标。作为一个崛起中的大国，中国推进在国家治理体系和治理能力现代化的实践，也注定对世界构成重大的影响。

2016 年 4 月 19 日，习近平总书记主持召开网络安全和信息化工作座谈会时明确指出，当今世界正在经历信息技术革命。以通信信息技术的迅速发展，以及与线下实体活动，包括政治、经济、社会

等诸多领域的实体活动的深度嵌套与复杂互动为典型特征，形成了一个特殊的历史环境。在这个环境中，人工智能、大数据、自动化、未来的网络与虚拟经济等新技术及其商业应用实现了前所未有的快速发展，而且通常走在治理能力和治理体系之前，由此带来的非传统安全问题日益突出，在传统安全与非传统安全并存的情况下，传统治理面临着新的挑战。而2019新型冠状病毒诱发的疫情，不仅验证了兰德公司为代表的欧美智库此前提出的"没有威胁来源的威胁"等新挑战的存在，而且全面暴露了现存治理能力和治理体系的短板、缺陷、以及不足；① 进而以一种人类社会无法回避的方式，提出了治理模式和治理体系完善的问题。

全球化，或者说经济全球化的进程，就其核心与本质而言，是市场经济活动的内生属性所决定的客观属性。如马克思在《共产党宣言》中所明确指出的那样，最终，在全球范围实现资本、劳动、商品、信息等诸生产要素的优化配置与高速流动，是一种不可阻挡的历史趋势。在新冠肺炎疫情暴发之前，科学技术催生的生产力发展，与生产关系，以及特定生产方式所支撑的上层建筑，其具体表现形式，即现存的国际体系之间，已经表现出了非常明显的紧张关系，所谓"反全球化"浪潮的出现和扩散，就可以看作是这种紧张关系的某种具体表现。

在新冠肺炎疫情暴发之前，2016年美国总统选举，特朗普击败希拉里·克林顿，英国成功通过公投实现"脱欧"且选举产生了具有类似特朗普风格的领导人约翰逊，南美主要国家之一的巴西选举产生了被称为"热带特朗普"博索纳罗，被认为是"反全球化"浪潮在国内政治与国家治理领域的体现。特朗普等执政后持续不断的

---

① 沈逸、孙逸芸：《威胁认知重构与战略互信重建——第四次工业革命背景下国家网络空间治理能力建设》，载《中央社会主义学院学报》2019年第5期，第102页。

"退群"行为，单方面发起与中国的贸易摩擦，以较为明显的极端自我中心主义的视角关注本国利益、拒绝承担在全球治理中的领导责任且不愿意分摊全球治理的成本，一度被认为是逆全球化思潮转化为国家战略与政策的具体体现。新冠肺炎疫情以非对称的方式在不同国家和地区梯次暴发，一度也刺激并激化了类似的构想，即所谓全球化已经遭遇了终结，后续国际体系和秩序，将朝着相反的方向发展。

但疫情的发展，以及治理的实践，验证出来的结果，与上述假设截然相反：

首先，新冠肺炎疫情作为一种典型的全球议题，用事实证明没有任何一个单一国家可以依靠自身的力量完全独自应对来自病毒的威胁和挑战；同时，新冠肺炎疫情自身的属性，及其与全球人员流动之间的密集关系，又明确的让各方感知到了人类命运共同体的切实存在，除非在全球范围有效控制新冠肺炎疫情的传播和扩散，否则没有任何一个单一国家可以独善其身的存续并发展下去。截止到2021年1月，新冠肺炎疫情在全球的传播，没有表现出任何缓解的迹象，考虑到各国，尤其是欧美发达国家国内存在政治格局与治理态势，新冠肺炎疫情的长期化存在已经成为一种人们无法否认和回避的定局，未来短则两三年，长则四五年，全球治理秩序与实践的迭代都必须在新冠肺炎疫情的阴影笼罩下展开，也成为超乎人们预设想象的新特点。

其次，从治理的实践看，"反全球化"浪潮的核心动力机制与重大议题也日益明显的暴露出来，人们发现拒绝全球化或者逆转全球化并非理性的政策选择。结合客观数据，在经历了早期的情绪冲击和非对称信息冲击之后，人们日趋清楚的意识到，"反全球化"浪潮反对的与其说是作为一个客观进程的全球化，不如说反对的是以贫富差距分化为最核心问题的全球化带来的负面影响和冲击，核心问题不是要不要全球化，而是全球化带来的成本和收益如何在不同国家之间，以及在一个国家内部的不同群体之间，实现有效的分配与再分配。

最后，真正出现问题需要进行调整的，其实是全球治理的模式与实践。从理论和实践来看，全球化、全球治理以及全球治理的模式与实践，实质上是三个密切相关，但又存在实质性重大差异的概念。真正成为"反全球化"思潮以及行动标靶的，并非全球化进程本身，也不是作为一个抽象概念的全球治理，而是具有高度实践性和政策意涵的全球治理模式和机制的设计、运行以及实质性的有效调整。

因此需要以更加积极的方式，实现全球治理模式的有效创新，而在此过程中，必须抓住通信信息技术革命的战略机遇，才能实现有效的跨越与创新。更加具体的说，作为一场公共卫生领域的重大危机，新冠肺炎疫情对全球治理提出了全面的冲击和挑战，主要体现在三个方面：一是如何实现全球协同治理。从全球纬度来说，各个国家之间能否实现有效的全球协调，在全球范围内构建有效的行动，推动全人类去应对共同的安全威胁，成为了对全球治理尤其是第一轮全球治理的发起者美西方国家关键性的冲击和挑战。二是对各个国家的治理道路、治理模式和治理能力建设提出的冲击和挑战。新冠肺炎疫情迫使我们认真思考了不同的治理模式以及治理模式背后所蕴含的发展道路、发展制度以及发展理念的综合性问题。三是对技术及治理能力的挑战。不同国家信息技术、信息产业所处的位置不同，各自的技术能力和行为模式具有显著的差异化和比较优势，但是对于新冠肺炎疫情来说，大家都面临一个共同的问题，那就是拯救人的生命，拖的时间越长，为完善方案考虑的越多，实践的速度越慢，付出的代价就越惨重。世界卫生组织专家组的组长艾尔沃德博士曾指出，在抗击疫情的过程中，中国最重要的经验就是速度，高速的、有序的、有组织、有协调的行动。换言之，在抗击疫情的过程中，对信息技术、网络安全、产业技术、产品应用等各方面，均提出了重大的冲击，同时也提供巨大的发展机会。

2020 年在全球肆虐的新冠肺炎疫情，对全球治理提出了严峻的冲击和考验。与人类历史上经历过的历次大规模传染病相比，新冠肺炎疫情最大的不同之处，在于其发生在信息技术革命的背景下。人们在实践中不断发现，除了在现实世界中要有效针对病毒的特性进行防御和治理之外，在全球网络空间，同样需要构建一套完整的治理机制，从而确保搭建一个符合治理疫情需求的信息环境。

整体来看，截至目前的实践发展证明，完善数据发布机制，通过相关信息的有效发布来控制和引导舆论，努力避免次生舆情灾害，提升公共卫生事件的治理能力，成为全球各国治理的一项新任务。

更具体的说，应对类似新冠肺炎疫情这类新型威胁，在全球治理的实践中，来自网络空间的特定类型的信息流动，以及必要的数据安全的有效保障，也必须被纳入到治理能力完善与治理体系提升的视野之中。

例如，应对新冠肺炎疫情，需要在一定时间范围内改变人们的行为习惯（如强调对口罩的佩戴），构建新的行为模式（如保持必要的社交距离）并形成正确的认知框架（以科学的态度和观点看待病毒的溯源和命名等），而在全球网络空间高速的信息传播中，有相当数量的数据和信息，其内容与上述需求可能截然相反，实际造成的恐慌、仇恨以及其他负面情绪和错误认知，在实践中已经对治理新冠肺炎疫情形成了比较显著甚至是严峻的负面影响。

总体来看，在新的环境下，构建新的治理体系的必要性和迫切性，均得到了充分的体现；而通信信息技术革命的叠加，则以更加积极和具有建设性的方式，提供了全球治理良性变革的可能性基础，而这种变革的核心突破点，则主要集中在范式上。

二、进入深化发展阶段的通信信息技术革命蕴含重大契机

与第一次和第二次工业革命不同，以互联网的发展、完善和应用为最典型代表的通信信息技术革命，从一开始就与全球化以及全球治理密切的联系在一起：信息技术在全球的高速扩展，发端于 20 世纪 90 年代初冷战的结束，消除了冷战阵营对峙的壁垒之后，互联网的全球扩散以及全球网络空间的形成与完善才成为可能。

冷战结束后早期，在整个 20 世纪 90 年代，以及 21 世纪最初十年，欧美发达国家和高端企业、金融机构等，抓住冷战技术带来的红利，在全球实现了高速扩展和广泛布局，其结果就是全球网络空间的出现和形成。尽管仍然缺乏非常一致和标准化的定义，但这个空间已经在事实和观念两个维度，都成为人类活动的第五疆域，并日趋深刻地与整个世界相互嵌套。这种嵌套意味着网络空间的有效治理日趋成为全球治理中至关重要的核心议题与前沿领域。[①] 通信技术及其颠覆性商业应用的快速发展，开拓了全球网络空间这一新的非领土空间，给全球治理提出了新的挑战，也带来了重大机遇。

从信息技术革命发展的一般进程来看，大致上可以发现其遵循信息化、网络化、数字化三个阶段，而当前我们正处于数字化的阶段。数字化阶段的核心特征，是数据的资源化，以及在全球范围内聚焦数据资源的有效管辖与规制，摸索并建设相应的运营方式与模式。

数字化的结果，就是在不断为人们提供生活和工作的各种便利

---

① 沈逸：《为全球网络空间治理良性变革贡献中国方案》，载《人民论坛·学术前沿》2020 年第 2 期，第 36 页。

和便捷的同时，也持续不断的提出和制造了信息与数据的有效保障问题。而新冠疫情的发展，以及由此暴露出来的问题与缺陷，则在相当程度上指明了全球治理未来持续完善和发展的方向。

截至目前，全球主要行为体对通信信息技术革命的认知，均已超越了单纯的技术主导的单一视野，以不同的路径和方式，共同回到了以主权国家为最主要行为体的分析框架下展开知识体系、战略规划与政策实践等诸方面的工作，其核心标志就是形成了与当下时代相匹配，又体现各自系统性结构与认识的数字主权观。

数据作为重要的基础战略资源，受到美国高度重视。美国从国家安全角度出发，加强了数据安全、数据出境安全领域的立法布局。2019 年 11 月 18 日，美国参议员提议制定《2019 年国家安全和个人数据保护法》（草案），以阻止美国个人敏感数据流向中国及其他威胁美国国家安全的国家。目前，该法案已提交美国参议院并送达商业、科学和运输委员会。2020 年 2 月 13 日，美国外国投资委员会（CFIUS）外国投资审查法案最终规则正式生效，严控对 AI 等关键技术和敏感个人数据领域的外商投资，防止尖端技术数据和敏感个人信息外泄。

因此，美国在数字主权上的立场是通过严格管控技术和数据向中国等特定国家的流动来保护美国的数字主权。

对于欧盟而言，一方面，欧盟主张发展自家的具有竞争力、安全与可靠的信息基础建设，实现技术独立自主；另一方面，欧盟主张对谷歌等主宰市场的大型科技公司采取强硬的立场，向外界宣示欧盟的数字主权。

而俄罗斯的国家法律文件中对于数字主权更常用的提法为"信息主权"，俄罗斯联邦技术和出口管制局将信息主权定义为国家权力在国家部门和全球信息空间信息政策形成和实施过程中的至高无上和独立性。俄罗斯总理梅德韦杰夫在第十四届东亚峰会期间表示，俄罗斯需保障本国数字主权。俄罗斯本土企业的规模虽远不及谷歌、苹果和华为，未出现垄断俄罗斯数字市场的现象，但仍需对此加以关注。俄罗斯需打造IT、网络通信、新媒体行业能与其他国家竞争的大型俄企。俄罗斯市场上有些跨国公司的规模大到能将自己的意志强加给其他市场参与者，俄罗斯应保障本国数字主权。

中国对于数字主权的认识是由互联网主权、信息主权、数据主权一步步延伸过来的。2010年国务院新闻办公室发布的《中国互联网状况》白皮书中明确指出："中国的互联网主权应受到尊重和维护。"① 2014年7月16日，习近平总书记在巴西国会发表演讲时指出："互联网技术再发展也不能侵犯他国的信息主权。"② 2015年10月13日，国家工信部部长苗圩指出："数字主权将成为继边防、海防、空防之后又一个大国博弈领域。"③ 至此，数字主权的概念逐渐明晰。目前，中国正以国家总体安全观为指导，研究全球数字治理规则，并开展数字主权的前瞻性研究。同时，在国际合作层面，中国致力于达成数字主权的共识，构建数字主权保护的国际规则。

另一方面，从威胁来源和影响因素的视角出发，遵循国际关系与全球治理的理论框架，可以认为，当前全球网络空间主要面临如下三类最主要的威胁：

第一，网络霸权主义与优势技术能力结合带来的风险。网络空间不是诞生在真空之中，信息技术发生之前就已经稳定存在的国际体系结构不可避免的具有至关重要的影响。坚持不愿意放弃冷战思维的超级大国，本能的试图在网络空间复制霸权主义的行为模式。

---

① 国务院新闻办公室：《〈中国互联网状况〉白皮书（全文）》，2010年6月8日，http://www.scio.gov.cn/tt/Documeat/1011194/1011194.html.
② 《网络再发展也不能侵犯他国信息主权》，新浪网，2014年7月18日，http://news.sina.com.cn/c2014-07-18/035930538185.shtml? sowrce=1.
③ 《工信部部长苗圩：数字主权将成为又一个大国博弈领域》，澎湃新闻，2015年10月13日，https://www.thepaper.cn/news Detail-forworrd-1384393.

这种尝试与优势技术能力结合，造成的典型威胁包括用信息技术对其他国家的国内政治进程与内部事务实施干涉；通过对供应链和产业链特定环节的污染在他国关键基础设施内部嵌入漏洞与后门；研发并在一定情况下使用具有物理毁伤能力或者等效杀伤效果的网络武器；复制冷战时期的颠覆性信息行动模式，在网络空间实施网络政治战行动；在网络空间实施近似没有边界和限制的大规模监听行动，以及在网络空间实施具有高级可持续威胁典型特征的网络入侵—信息窃取行动。2001 年欧洲议会临时委员会披露的"梯队系统"事件，2010 年伊朗遭遇的震网攻击，2013 年斯诺登披露的"棱镜门"，俄罗斯、中国等新兴国家在社交媒体平台遭遇的意识形态渗透和攻击，都是网络霸权主义威胁带来的风险的具体体现。

第二，由相对高速的技术发展与相对滞后的管制能力之间的落差所导致的失控与意外。信息技术革命自冷战结束之后，在全球范围内进入了高速发展和演化的阶段。整体看，技术发展，及相应的商业模式创新，发展速度远远高于治理能力提升的速度。由此带来的是治理能力和机制的相对缺失。这种缺失可能因为技术自身存在的缺陷导致意外，而构成对个别国家乃至全球网络空间安全、稳定和繁荣的严重威胁。

第三，非国家行为体与信息技术结合后构成的跨域冲击。信息技术的高度发展，应用门槛的持续降低，以及国家行为体在关键基础设施等方面对信息设备的高度依赖，创造了一种特殊的环境。在这种环境里，非国家行为体有可能通过低成本的方式，对国家安全威胁构成严重的冲击和挑战。奥巴马政府时期，名为叙利亚电子解放军的黑客组织通过劫持美联社官方社交媒体账号发布假消息的方式，导致美国股市标普 500 种工业指数在 90 秒时间内震荡 180 点，对美国经济构成严重威胁和冲击；2016 年 10 月，因为智能摄像头存在的缺陷被黑客利用发起分布式拒绝服务攻击，24 小时内，半个美国，从东海岸的波士顿、纽约、费城、华盛顿，到西海岸的洛杉矶、旧金山甚至和北京关系不错的西雅图互联网服务几乎全面瘫痪；2017 年，美国研发的网络武器运载工具"永恒之蓝"泄露，被用于和普通的勒索软件结合，最终酿成了影响全球的"想哭"勒索病毒事件。

很显然，要真正抓住契机，实现全球网络空间治理秩序的迭代，以及突破，最终必须回到主权国家的认知与行动中，抓住最主要的行为体来解决共同面临的难题与挑战。

三、安全观之争是新时期网络空间治理
体系建设争议的核心之一

安全，是行为体对自身至关重要的价值所处的客观状态的主观认知。主权国家、掌握技术和能力优势的公司、具备网络空间行动能力的非政府组织、个人，对安全的认知，或者说，这些不同类型的主体持有的安全观，存在显著的差异和不同。除中国外，全球范围具有代表性的安全观，可以概括为如下四类：

第一类，基于极端个人中心主义传统的无政府主义安全观。20世纪 90 年代中期，部分互联网技术社群成员，在美国推动发表所谓《互联网独立宣言》，明确提出国家主权不适用于网络空间，谋求将互联网建成"法外之地"，就是这种无政府主义安全观的典型体现。从本质上来说，这种安全观具有显著的空想色彩，在欧美发达国家内部很难对实际的决策过程产生重大的影响；但在实践中，通常会通过欧美主流媒体以及全球互联网技术社群，实现从发达国家向新兴国家以及发展中国家互联网技术社群的传递。最终形成用无政府主义安全观冲击乃至阻滞新兴国家和发展中国家用主权法理工具捍

卫自身利益的现象。这种无政府主义安全观最大的缺陷，就是不切实际的估计了国家与非国家行为体在信息革命进程中能力的消长，整体呈现出快速衰减的态势。

第二类，具有显著冷战思维特征的霸权主义安全观。这是信息技术能力优势与霸权国家、冷战思维相结合的产物，其核心特征是，谋求在网络空间的绝对安全，谋求实现依靠霸权国家及其核心盟友，实质性垄断网络空间治理秩序。以寻求实现霸权国家及其盟友的绝对安全，以及在全球网络空间单方面的行动自由。这种安全观的显著特征是多重标准，以单一或者极少数国家的安全礼仪为衡量尺度，并寻求建立具有显著等级化色彩的治理体系。在言论中，霸权主义安全观会表现出对主权原则的轻视和否定，但在实践中，霸权主义安全观会导致显著的自相矛盾的现象，即一方面持霸权主义安全观的行为体要求其他国家自愿或者说实质性的放弃网络主权，另一方面，对霸权国家自身的主权利益实施最严格的保护和监管。

第三类，具有显著非道德色彩的马基雅维利主义安全观。这是欧美国家自1648年以来，在全球实现梯次拓展进程中，逐渐形成的一种安全观，通常表现为以极端的态度，谋求建立一种去除个人道德理念影响的安全观，用所谓纯粹的利益交换，以及对实力的计算和比较，来保障自身的安全利益；必要时，倾向于自主采取具有显著单边主义色彩的举措。

第四类，与冷战后广泛的自由主义—新自由主义思潮结合的自由主义安全观。这种安全观可以被霸权或者非霸权国家所持有的，其主要特色是遵循"历史终结论""民主和平论"等的基本分析框架，从抽象价值的框架出发，赋予安全观以及网络空间治理议题以"普世价值"色彩，尝试将其纳入"人道主义干涉"等的较为传统的框架进行分析和讨论。这种安全观最大的风险在于，持有这种观念的国家都倾向于对非西方民主国家实施基于互联网的颜色革命与政治渗透,并将其是作为所谓民主国家的特殊责任与授权。

客观的说,上述四类安全观具有无法自我愈合的挑战乃至缺陷。遵循总体国家安全观并以此为指引,推进全球网络空间治理秩序的良性发展,是中国的必由之路,成功之后也将是中国对世界作出的最重要的贡献之一。

四、以总体国家安全观为指引建设网络空间治理体系是中国的必由之路

作为政治上层建筑至关重要组成部分之一的国家安全观,为了更好地适应环境变化带来的需求,需要实现如下重大的突破:

第一,超越传统—非传统安全的两分,将国家安全作为一个系统,在全球化背景下进行开放式的规范研究。整体看,在清醒地认识到国家安全这个概念之后,对国家安全内涵与外延的认识,经历了一个比较完整的发展历程。最初,国家安全是单一要素的,即在很大程度上是与政治、军事、外交等传统高端议题领域挂钩;其后,伴随经济因素的高速崛起,形成了传统—非传统两分的国家安全观;而现在,一如习近平总书记作出"没有网络安全就没有国家安全,没有信息化就没有现代化"的论断所指出的那样,必须形成更全面系统的指标,评估不同要素对国家安全的影响,尽速超越传统—非传统安全的机械两分,形成对国家安全更加系统深刻的认识与把握。

第二,超越自我中心主义,强调共同体的安全。总体国家安全观要实现的是基于"我为人人,人人为我"的实践。在此过程中,必须注意超越自我中心主义,从更加宏观和整体的角度出发,谋求将共同体的安全作为实现国家安全的新途径。推进联合国的集体安全原则实质性的适用于全球网络空间,应该成为值得尝试的努力方

向之一。

第三，为关注跨域与多议题领域的新型安全提供统一的理论概念与分析框架。传统国家安全观的一个重要缺陷，就是没有实现关注跨物理—网络空间两种不同类型的综合分析，总体国家安全观的创造和引入，则为充分论述理论概念与分析框架之间的辩证关系奠定了扎实的理论基础。

从实践看，自 2016 年以来，全球网络空间治理正进入"深水区"，这可以从四个方面来理解：

其一，主权国家加速"觉醒""回归"以及"进入"治理领域，增加了有效全球治理所必须的信息沟通、知识共建与战略协调的压力。20 世纪 90 年代早期，实际上有能力参与全球治理的国家，主要是欧美少数发达国家；自那时起至今，越来越多的主权国家充分感知并认识到网络空间的战略意义与价值，意识到参与全球网络空间治理并提出符合自身需求的必要性与极端重要性。少数发达国家在事实上垄断全球治理动力核心与决策过程主导权的传统游戏事实上已经无法继续维系。依托少数发达国家事实上垄断全球网络空间治理决策主导权发展起来的技术社群与以欧美国家为背景的非国家行为体主导治理决策过程，提供治理产品的传统模式也因此无法继续有效运转。主权国家之间如何进行必要的战略沟通与协调，进而形成新的治理结构，是当前和可见的将来，实现对全球网络空间有效治理必须解决的关键问题。在此过程中，全球网络空间形成和扩散之前，作为其外部环境的国际体系的某些缺陷，如主权国家之间缺乏必要的战略信任，全球治理决策过程中的代表性不足等问题，日趋显著地暴露出来。解决这些问题的难度，预示着全球网络空间治理将进入"深水区"。

其二，美西方国家以"良性霸权"为内在，以"多利益相关方"以及抽象化乃至绝对化的个人自由为表面，所支撑起来的全球网络空间治理的惯性结构与历史性秩序，已经并持续被自身的实践所破除。从 20 世纪 90 年代初期至今的实践反复证明，影响全球网络空间治理结构与秩序演变的核心障碍，是美西方在其中占据压倒性优势的传统治理结构与秩序。自 2016 年美国总统选举、英国脱欧至 2020 年美国总统选举以来，社交媒体对在任国家领导人实施言论管控，甚至是全部的账号封禁，美西方国家长期持续认为塑造和反复强调的，以个人伦理、人类道义为主要特征所构建的传统治理结构存在的理想化基础，出现了难以逆转的实质性变化，回到人类社会客观发展需求本身，而非停留在某种抽象的道义和价值层面去构建适应技术发展和人类社会前行需求的全球网络空间治理新秩序，逐渐在事实上成为了各方的共识，这为推进全球网络空间治理秩序的变革与良性迭代，消除了其面临的最大障碍，也为国家主权在网络空间的延伸与映射，消除了认知意义上的最主要的障碍。

其三，技术高速发展不断增加对有效治理供给的压力。就信息技术革命自身的发展来看，存在较为显著的惯性和加速发展现象，大数据、云计算、移动互联、物联网、人工智能等前沿领域遵循技术研发的内在规律，持续向前发展，以人工智能为最典型的代表，在较短的时间内呈现井喷式发展，而且这种发展由公司、研究机构等多样化的主体所推动，分散在全球不同主权国家的管辖下，基本上不存在"暂停发展，等待治理机制成熟"的可能，同时在经济全球化的大背景下，相关研发成果一走出实验室阶段，即刻就可以获得相应的资本支持转化为某种应用，并对治理能力提出全新的挑战，这一态势在可见的将来，还将以某种难以准确估量的加速度，持续推进，持续提升对治理能力和相关安排的有效供给的压力。

其四，全球网络空间治理面临焦点议题与前沿领域显著增加，对相关制度安排和公共产品的供给产生了全新的要求。从前述全球网络空间发展的历程看，很长一段时间，全球网络空间存在显著的单一核心议题，即以最具象征意义的支撑全球网络空间的关键基础设施，顶级域名解析的根服务器、根区文件和文件系统的管辖，是各方关注的焦点。2016 年 9 月 30 日之后，这一问题实现了现有力量对比、技术水平与治理结构下的"阶段性解决"。同时，全球网络空间应用的实践，催生出了诸如跨境数据流动监管、具有战略价值的数据资源的有效管辖、落实网络用于可持续发展、打击跨国有组织网络犯罪、预防国家级网络武器扩散、规制人工智能有效应用、保障网络空间战略互信与稳定等一系列更加具体、同时也是更加棘手的问题。全球网络空间治理能力建设和公共产品的精细化供应，成为当前和未来很长一段时间内必须有效解决的关键问题。这无疑意味着全球网络空间进入了"深水区"。

概括的说，因为存在不同类型的安全观去指引不同类型行为体的具体行为，导致宏观共识与微观分歧并存构成未来全球网络空间治理的主要特点。

虽然进入了"深水区"，也就是推进全球网络空间治理的实践面临复杂性、不确定性以及一定程度的可逆性和反复性的冲击与挑战，但总体上有理由对全球网络空间治理的前景保持谨慎的乐观预期。从信息技术自身发展的情况看，真正意义上的早期野蛮生长阶段已经过去，现存的政治、经济、社会结构正在显著消解纯自发性发展的速度和强度，全球网络空间与政治、经济、社会活动日趋深度的嵌套与互动，客观上带来了强化管制的需求。总体看，当前以及未来一段时间，全球网络空间治理领域面临的主要矛盾，可以归结为技术与应用领域的高速发展和治理能力以及公共产品供应相对不足之间的矛盾。

宏观共识与微观分歧并存，是当下以及未来一段时间全球网络空间治理所具有的最重要的特点之一。具体来说，这包含如下两个方面的含义：

一方面，参与全球网络空间治理的各类行为体确实正在形成共识，合作正取得比较显著且可见的进展。尽管没有单一共识文件，但是在实践中，可以感知到各方的基本共识是，全球网络空间不能、也不应继续处于事实上的自发状态，而必须走向有效治理下的自觉发展。而这种自觉发展，需要具有显著顶层设计特点的新的治理架构，需要建立在主权国家有效协调基础上的治理实践，需要提供能够满足技术内生规律与特点，同时被广泛认可与接收的治理产品。单一国家，或者霸权国家及其少数盟友构成的各种形式的松散组合，无法满足这种新的态势要求，必须进行更加有效的合作。2015 年联合国政府间信息通信技术安全专家工作组的最终成果文件，展现了新的共识中最重要的部分，即必须以尊重网络空间主权平等的国际法基本规则为基础，构建新的治理结构。这意味着全球网络空间治理必须吸收全球治理已有实践中的积极成果，并尽可能的将其用于指导各项实践。中国则是创造性地使用了"多方"的概念。2016年，第三届世界互联网大会发布的《2016 年世界互联网发展乌镇报告》中明确提出，"多边参与、多方参与将成为互联网治理常态，政府、国际组织、互联网企业、技术社群、民间机构、科研院校、公民个人等各个主体积极作为，共同推动'共享、共治'的务实合作进一步深化"[①]。通过"多方"的概念，中国探索解决长期困扰全球网络空间治理实践的"多边主义"与"多利益相关方模式"之间的紧张关系，这也是上述共识的重要体现。实践日趋明显地告诉人们，面对全球网络空间治理这一全新的战略课题，简单的坚持传统多边主义，或者坚持事实上被欧美发达国家以及早期技术社群重新定义，用于排除新兴国家与发展中国家有效参与全球网络空间治理的"多

---

① 国家互联网信息办公室：《2016 年世界互联网发展乌镇报告》，2016 年 11 月 18 日，http：//www. cac. gov. cn/2016 – 11/18/c – 1119941092. htm.

利益相关方"模式，都无法有效的胜任构建全球网络空间治理新模式、新秩序与新架构的任务。未来，一如"多方"概念的提出，必须本着务实、合作与实事求是的精神，建设性的探索两者有效融合的新路径、新模式与新实践。

另一方面，全球网络空间治理中涉及的主要国家之间缺乏战略互信，技术社群与主权国家特别是新兴大国与发展中国家之间缺乏政治信任的问题日趋突出，构成制约全球网络空间治理良性发展的主要障碍。主要国家之间缺乏战略互信，是第二次大战至今国际体系发展遗留的最具代表性的负面资产。缺乏互信的关键，在于优势国家不愿意放弃冷战思维和完全自我中心主义的国家利益观，导致国家之间在现实世界和网络空间都有陷入安全困境，无法落实有效务实的风险。互联网发展早期，在少数甚至是单一国家确立了事实上的网络霸权优势的情况下，技术社群形成了某种可以完全不受主权国家管辖，"独立"推进全球网络空间治理的不正确的认知。受欧美国家刻板印象的负面影响，技术社群内在的文化对遵循不同发展道路和发展模式的新兴大国与发展中国家缺乏必要的政治信任，这不利于实现有效的合作，对推进全球网络空间的发展造成了负面的影响和阻碍。

对中国来说，坚持在总体国家安全观指引下，推进网络空间命运共同体建设，是当前以及可见的将来必须完成的历史使命。

从中国的情况来看，中国高度重视参与推进全球网络空间治理新秩序变革，但如何转化为有效治理供给面临挑战，坚持总体国家安全观指引下的正确实践则是重中之重。

作为全球拥有网民数量最多的国家，作为最典型的网络大国，中国高度重视参与推进全球网络空间治理新秩序变革，并在国家战略设计与实践中做出了重大的努力。以"构建网络空间人类命运共同体"为主目标，中国根据自身发展经验，以及对发展中国家相应需求的深刻理解和认识，遵循为世界人民服务的宗旨，积极参与并推进了全球网络空间治理新秩序的变革。在此过程中，中国迅速形成了《国家网络空间安全战略》《网络空间国际合作战略》等战略设计，颁布并实施《网络安全法》，协同俄罗斯以及上海合作组织成员在联合国框架下积极推进网络空间行为规范建设，组织召开世界互联网大会，发表《乌镇倡议》，启动乌镇进程，积极参与互联网数字分配机构（IANA）监管权限移交进程，着力将网络问题建设成为中美关系的新亮点，在"一带一路"倡议中推动网络基础设施建设实现互联互通，积极促进金砖国家框架下的"网络金砖合作"，显示出对全球网络空间治理的高度重视与踊跃参与。

同时，受现有全球网络空间治理结构内部的能力分布以及观念认知的制约，中国的相关主张仍然需要进行更加有效的转化，以最终形成有效的治理能力与公共产品供给。

展望未来，全球网络空间治理的良性变革应该而且必须成为包括中美两国在内的所有负责任行为体共同承担的历史使命与战略任务，通过有效的、建设性的且充满创新的合作，去推进全球网络空间人类命运共同体的建设，创造一个更加安全、繁荣、稳定、健康的网络空间。这是重大的挑战，也是空前的机遇，值得人们为之共同努力和奋斗。